南阳月季甲天下

彭江书於京华

世界月季名城——南阳

SHIJIE YUEJI MINGCHENG:
NANYANG

张占基　王东升　胡新权　主编

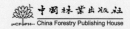
中国林业出版社
China Forestry Publishing House

图书在版编目（CIP）数据

世界月季名城：南阳 / 张占基, 王东升, 胡新权主编.
-- 北京：中国林业出版社, 2021.11

ISBN 978-7-5219-1392-7

Ⅰ.①世… Ⅱ.①张… ②王… ③胡… Ⅲ.①月季—
文化②南阳—概况 Ⅳ.①S685.12②K926.13

中国版本图书馆CIP数据核字(2021)第212335号

策划编辑：何增明

责任编辑：袁理

出版 中国林业出版社（100009 北京市西城区刘海胡同 7 号）

http://www.forestry.gov.cn/lycb.html

电话 〔010〕83143568

发行 中国林业出版社

印刷 河北京平诚乾印刷有限公司

版次 2022 年 1 月第 1 版

印次 2022 年 1 月第 1 次印刷

开本 710mm×1000mm 1/16

印张 16

字数 462 千字

定价 128.00 元

南阳人民用自己的智慧建设了一座让世界惊艳的月季花城。

——世界月季联合会主席　艾瑞安·德布里

With their great wisdom, Nanyang people built a rose city which amazed the world.

—Henrianne De Briey President of the WFRS

南阳月季非常漂亮，南阳是最美的月季花城之一。

——世界月季联合会前主席　凯文·特里姆普

Nanyang rose is very beautiful and Nanyang is one of the most beautiful rose cities.

—Kelvin Trimper Former President of WFRS

南阳月季品种多，花色好，在街道、公园、庭院种植很好、很美。

——世界月季联盟代表、澳大利亚月季品种登录权威专家　劳瑞·纽曼

Nanyang rose has many varieties and good colors. It is well planted in streets, parks and courtyards. It is really beautiful.

—Laurie Newman representative of WFRS, the expert of Australian Cultivar

Registration Authority

南阳月季甲天下。

——中国花卉协会月季分会会长　张佐双

Nanyang rose is the best in the world.

—Zhang Zuoshuang

President of Chinese Rose Societies

《世界月季名城——南阳》编委会

序一

FOREWORD 1

 非常高兴为《世界月季名城——南阳》一书作序，因为这是一本传承弘扬月季文化的佳作，让南阳月季走出中国，走向世界，让爱好月季的人们了解南阳和月季，很值得让人称赞。

 月季是南阳的市花，"2019 世界月季洲际大会暨第九届中国月季展"在南阳举办，南阳因为月季让世界记住了她，给我留下了许多美好的回忆。在南阳，月季栽培历史悠久、源远流长、品种繁多。南阳市政府重视发展月季，南阳人爱月季、爱生活。特别令我印象深刻的是月季已栽遍南阳城乡、大街小巷、走进千家万户，成为最受人们欢迎的花卉。在中心城区，无论是景观大道，还是公园、游园和机关庭院，随处可见市花月季的婀娜身姿，形成了姹紫嫣红、花团锦簇的城市生态美丽景观。

 南阳人民用自己的智慧建设了一座让世界惊艳的月季花城，让人更惊喜的是南阳的几位月季爱好者用文字记录了这美好的一切，全方位展示了这座城市月季产业的发展历程、生产标准、科学研究等方面取得的成效，以及建设的月季公园、月季游园、月季道路和遍布南阳城乡的月季园、月季庭院，融入文化的月季元素……这本著作是记述，也是总结和发展，更是传承和弘扬，为全世界每一个月季爱好者呈现了南阳月季的绰约芳姿和月季名城的独特魅力。她就像一个和平的使者，为全世界爱好月季的人们传递着友谊和爱。

 2019 年南阳惊艳世界，给我留下了美好的印象。月季扮靓了南阳人民的生活，提升了城市生态景观。生活在花城中的南阳人民，幸福如花一样绽放。

艾瑞安·德布里

2020 年 12 月 26 日

FOREWORD 1

I'm very glad to write a preface to the book *World's Famous Rose City—Nanyang*. It is a masterpiece to spread rose culture, bringing Nanyang rose out of China to the world, and making Nanyang and rose known to the rosarians, which is quite worthy of compliments.

Rose is the city flower of Nanyang and 2019 WFRS Regional Convention was held in Nanyang, for which Nanyang was known to the world and many happy memories were left to me. Nanyang enjoys a long history of rose plantation and has wide rose varieties. Nanyang Municipal Government attaches great importance to rose development and Nanyang people love rose and life very much. What especially impressed me is that rose has become their favorite flower, which can be seen everywhere in the streets, alleys and households in both the city and countryside. In the central urban area, the city flower shows much more its grace and charm in the avenues, gardens, street gardens and organ courtyards, developing a brilliant flower urban ecological landscape.

With their great wisdom, Nanyang people built a rose city which amazed the world. What is more amazing is that it is now put all in print by some rosarians, displaying fully the achievements in development, production and research of the rose industry of this city, the construction of the rose gardens, street gardens, avenues and courtyards, and also rose, which has been integrated deeply in Nanyang culture... This book is not only the record, but also the summary and development, and what's more, the inheritance and spreading. It displays to the world rosarians the beauty of Nanyang rose and the charm of Nanyang as the World's Famous Rose City. It is like an angel of peace, spreading friendship and love to the world rosarians.

Nanyang amazed the world and left me many happy memories in 2019. Rose beautifies the life of Nanyang people and improves their urban ecological landscape. Living in such a flower city, Nanyang people are happy, like the blooming flowers.

Henrianne De Briey
Dec. 26, 2020

序二

FOREWORD 2

南阳月季四季花红，宛都大地绿色葱茏。这里是世界月季联合会第一个命名"世界月季名城"、也是首次以月季命名的城市。从月季品种园艺展示交流，到赋予一座城市月季标志，体现着世界月季联合会由月季专业科学到社会普及融合的创新推动，见证着月季从种植、繁育、观赏应用，走向大众融入现代生活、发挥生态功能不断提升的过程。

南阳有着厚重的文化资源，楚汉文化相映，历史名人荟萃、文化璀璨夺目。也有世界文化名人屈原、思想家百里奚、"科圣"张衡、"智圣"诸葛亮、"医圣"张仲景、"商圣"范蠡，还有哲学家冯友兰，著名作家二月河，是历史文化名城。

南阳地处长江、淮河两大流域，位于"南水北调"中线工程渠首所在地和核心水源区，南北气候过渡带，是"南花北移、北花南迁"的理想驯化地，非常适宜花卉生长。南阳是中国月季之乡。既有楚国屈原月季文字的描述，又有光武帝"花中皇后"的美丽传说；既有世界月季名园，又有遍及市区及县域的月季公园、月季大道、月季水系、月季廊道，以及遍布街头的月季主题游园、社区月季花园，是花美人和、幸福指数高的生态宜居城市。南阳月季产业发达，是全国最大的月季种苗繁育基地，月季苗木供应占国内市场 80% 以上。2010—2021 年已连续举办 12 届月季花会，并多年免费向广大市民赠送月季，扩大月季种植，普及月季知识，弘扬月季文化，形成了家家种月季、花香溢满城的美好景象，月季已成为南阳的"富民花""兴市花"，南阳月季甲天下！2019 年，南阳成功举办世界月季洲际大会，世界月季名园落户南阳，月季让南阳走向世界，成为当之无愧的"世界月季名城"，成为月季与人类和谐共生、美美与共的生态城市典范。

张佐双

2021 年 4 月 29 日

前言

PREFACE

　　南阳古称"宛",位于中国版图的核心腹地,亚热带向暖温带的过渡带。自古便是以"花"而名的城邑。从"宛"的传说,以及《山海经》、张衡《南都赋》、李白《南都行》绘声绘色地描绘中,南阳就是一座百花竞艳、植物繁茂的绿城,同时又是历史文化名城、全国文明城市、国家森林城市、国家园林城市。

　　南阳月季,世界瑰宝,孕育出享誉神州的"中国月季之乡",享誉世界的月季产业与月季文化。在现代城市发展进程中,南阳用一朵花打造城市品牌内核,用一朵花牵引一座超千万级人口规模的城市走向现代城市,摘得全球首个"世界月季名城"桂冠。

　　一朵花点亮一座城。南阳是月季"王国",月季是南阳的市花,也是南阳的标志,更代表了南阳人的精神,月季隐含和彰显着南阳人勤劳、友善、奉献、拼搏、进取、追求美好的精神境界。在世界月季名城——南阳,月季已植入这座城市的每一个角落、融入人们的生活,养月季、食月季、赏月季,成为网红时尚;月季已经成为南阳富民兴市的产业符号,成为南阳人追求向往美好生活的精神寄托,是南阳最具魅力的城市元素,成为推动南阳经济社会发展的内生动力。

　　南阳月季承载历史,立足当代,开启未来。世界月季名城——南阳,

是人类践行绿色发展理念、推进生态文明建设的生动实践。南阳月季产业通过依托自然禀赋引进创新发展,已经成为中国月季苗木绿化市场的龙头、世界月季苗木市场的重要来源地;已经成为城市高架、道路、园林绿化的首选;已经成为扮靓人们生活出行的网红打卡地。

本书从自然、气候、历史文化等多个维度,寻觅南阳月季之乡印记;从南阳现代月季产业萌芽、发展、壮大的历史进程中,定位南阳月季的中国坐标、世界坐标;从月季种植繁育技术、绿化应用、产业发展、文化创新等方面,从公(游)园、道路、社区、厂区、办公区、校园、庭院四季绽放的月季,精彩呈现世界月季名城——南阳的独特魅力、壮美画卷。

"世界月季名城"的称号对南阳是一种荣耀,更是一种责任、一种担当。南阳世界月季名城建设不仅是南阳,也是中国和世界月季在与现代城市发展探索与实践中取得的重大成果,是人类环境共同体的又一典范,是世界月季故里走向世界的又一座里程碑。期望此书的出版,能为世界月季名城建设和高质量建设大城市提供有益的借鉴;期待中国和世界在城市发展的进程中,涌现出越来越多的月季名城,让人类地球村生态和谐,四季花香,月季长伴,幸福美好!

编者

2021 年 8 月

目录

序1

序2

前言

第一章
月季之乡　源远流长

第一节　南阳历史文化　　　　　　　　　　　　002

第二节　南阳月季发展史　　　　　　　　　　　010

第三节　南阳市花评选　　　　　　　　　　　　018

第二章
勇于探索　月季启航

南阳月季品种引进　　　　　　　　　　　　　　022

南阳月季培育技术　　　　　　　　　　　　　　024

南阳月季获奖及科研成果　　　　　　　　　　　044

南阳月季林木种质资源库　　　　　　　　　　　058

第三章
以花为媒　产业兴旺

第一节　南阳月季花会　　　　　　　　　　　　064

第二节　南阳月季交流与合作　　　　　　　　　087

第三节　南阳月季产业　　　　　　　　　　　　090

第四章
月季名城　南阳担当

第一节　南阳"世界月季名城"　096

第二节　南阳月季名园展园　103

第三节　南阳"最美月季"系列评选　127

第四节　南阳"2019 世界月季洲际大会"　132

第五章
月季花城　文化南阳

第一节　光影里的世界月季名城——南阳　140

第二节　书画里的世界月季名城——南阳　154

第三节　文学艺术里的世界月季名城——南阳　167

第四节　方寸中的世界月季名城——南阳　200

附录

附录 1　"2019 世界月季洲际大会"大事件　209

附录 2　世界月季名城（南阳）建设标准　219

附录 3　南阳月季林木种质资源库收集保存月季品种（部分）名录　221

后记

参考文献

索引

世界月季名城——南阳

SHIJIE YUEJI MINGCHENG:

NANYANG

第一章
月季之乡 源远流长
DIYIZHANG
YUEJI ZHIXIANG YUANYUAN LIUCHANG

月季花开 幸福南阳（李建锐 摄）

南阳历史文化

  2019年4月28日，由世界月季联合会、中国花卉协会、中国花卉协会月季分会主办的"2019世界月季洲际大会暨第九届中国月季展"在河南南阳举办，如此高规格的国际盛会在南阳举办，并不是一种偶然。

  南阳，古称宛，有2600多年的建城历史，是国务院首批授予的"历史文化名城"。东汉时期为光武帝刘秀的发迹之地，故有"南都""帝乡"之称。

  南阳位于河南西南部，河南、湖北、陕西三省交界地带，因地处伏牛山以南，汉水以北而得名。南阳是"南水北调"中线工程核心水源地和渠首所在地，南阳盆地河流众多，分属长江、淮河、黄河三大水系，主要河流有丹江、唐河、白河、淮河、湍河、刁河、灌河等。南阳，自古雄踞于中原大地，长江、黄河之间，上承天时之润泽，下秉山川之恩惠，物华天宝，人杰地灵，境内伏牛苍苍，丹水泱泱，气候温和，物产丰富，是最适宜人类生活居住的地方。

  南阳地处亚热带向暖温带的过渡地带，属于季风大陆湿润半湿润气候，四季分明。南北物种兼而有之，生物多样性丰富。全市共有高等植物3200多种，鸟类213种，兽类62种，两栖类动物45种，分别占河南的80%、70%、86%、73%。国家和省重点保护动物、植物79种；拥有国家和省级自然保护区8处，面积355.65万亩*；国家和省级森林、湿地公园、地质公园29个，面积232.51

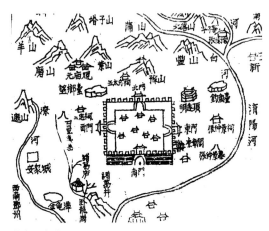

古南阳地图

---

*1 亩 =1/15hm²

丹江湖（王洪连 摄）

万亩。宝天曼国家级自然保护区被联合国教科文组织授予"世界生物圈保护区"。国家林业和草原局在此设立森林生态观测定位站，是全国生物多样性保护研究的重要基地。

"南水北调"中线工程源头是丹江口水库，渠首在南阳市淅川县陶岔村。"南水北调"中线工程全长1432km，一期工程完成后年均调水量95×10^{8}m^3，是世界上最宏伟的引水工程之一。

"盘古开天地，血为淮渎"的桐柏县，也是千里淮河的发源地。境内森林覆盖率达50.3%，有"天然氧吧"之称，旅游资源十分丰富，是中原著名旅游胜地。

白河是南阳的母亲河，更是一条文化河，从远古走来，串起南阳文明史。白河文化是华夏文化的重要组成部分，自远古时期在白河及其沿岸发生的故事，影响或推动着华夏文明的进程。

白河岸边的丰山，上古神话里有它的故事，《山海经》里也有记载：山下之清泠渊居住着耕父神和雍和神，成语"白龙鱼服"的故事也发生在这里——白河西岸的黄山遗址，是中原仰韶文化、龙山文化与荆楚屈家岭文化的大融合。这里出土的独山玉铲，将独玉加工史提前到7000年前；白河东岸的"鄂侯墓葬群"以及西岸的鄂城寺，见证了古鄂国在南阳的历史和发展；而在南阳北郊发现的大面积中原岩画，则从实物上见证了南阳早期文明与华夏文明是同步的。更始帝淯水之滨登基，刘秀起兵南阳建立东汉王朝，李白游白水访清泠渊、元好问"丰山怀古"、严子陵的"钓台烟雨"……白河岸边的一个个史实和传说，无不彰显着白河文化的深厚底蕴。

南阳白河源出河南嵩山双鸡岭，经南召县、方城县、宛城区、卧龙区、新野县至湖北襄阳的陶岗北与唐河汇流，注入汉水。白河较大的支流有湍河、唐河等。唐、白二河在湖北襄阳汇流后合称唐白河。历史上的南阳市区是白河上舟车辕辐、人庶浩繁的水上码头，帆樯颇盛，可直下湖北，顺汉水入长江，直达武汉、南京，水运条件甚为便利。

中国28个世界生物圈保护区之一、河南唯一的世界生物圈保护区——宝天曼，位于伏牛山南麓南阳盆地西沿内乡县境内。宝天曼古称秋林渡，《水浒传》"燕青秋林渡射雁"说的就是这里。宝天曼是"天然的物种宝库""中华大地的一颗明珠"。宝天曼国家级保护区是我国长江、黄河、淮河三个水系的分水岭，也是我国中部地区的自然综合基因库。它保护了过渡带的综合性森林生态系统和31个国家重点保护的珍稀植物，50多种国家重点保护的珍稀动物，为野生动植物提供了良好的生存与栖息环境，对中国丰富的生物多样性有着极为重要的地位和作用。

"山海经"南阳丰山复原图

在这样的地理气候环境下，孕育出了香飘五洲的月季，这是大自然的恩惠，更是一种历史的必然。

早在6500万年以前，南阳就是适于生物生存繁衍的地方。1993年，在南阳的西峡、内乡、淅川三县发现大量的恐龙蛋及骨骼化石，被称之为震惊世界的"第九大奇迹"。我国是世

35枚连体圆形蛋

界上埋藏和出土恐龙及恐龙蛋化石最丰富的国家之一，而南阳则是我国乃至世界上出土恐龙蛋化石最多的地区。在这块古老而神秘的土地上，与恐龙同时代的动植物群：大鲵、银杏树、桫椤、连香树等都遗存至今，大自然的慷慨赐予，使西峡、内乡、淅川三县成为"风水宝地"。随着一声"石破天惊"，地球演化，生命进化和生态平衡在"中华大地的脊梁"上进行科学的演绎！

"参天之木，必有其根；怀山之水，必有其源。"南阳被世界月季联合会命名为全球首个"世界月季名城"，缘于南阳是中国"月季之乡"，有规模巨大享誉中外的月季产业，遍布城乡融入大众生活的月季生态景观，彰显月季品格精神的文化文明内涵，更是自然天成、文脉赓续使然。月季已经成为历史文化名城——南阳的一张璀璨夺目的名片。

南阳群山拱卫，紧靠亚热带与温带过渡地带的北纬30°线，降水丰沛，植物茂盛。地理坐标为北纬32°17′~33°48′，东经110°58′~113°49′。东西长263km，南北宽168km。总面积2.66×10^4km^2，人口1201.88万人（2020年）。平原、丘陵、山区各占三分之一。辖1市2区10县5个功能区，是河南面积最大、人口最多的省辖市。

南阳地处黄河、长江两大流域文明之间，又是"盘古文化"的源头。优越的地理环境和自然环境，使这里成为适宜各种生物生存、繁衍的理想之地。50万年前的南召县猿人遗址，证明南阳是华夏文明的发祥地之一。中国史前文明时代的神话故事——盘古开天，发源于南阳桐柏地区。南阳有新石器遗址140余处，邓州八里岗、淅川县下王岗、方城县大张庄、南阳黄山遗址等新石器时代遗

址的考古发掘研究证明，这里汇聚了黄河流域仰韶文化、龙山文化等文化类型的和长江流域屈家岭文化类型的典型特征，是南北文化的交汇地带和新石器时代人类活动的重要聚居区。

当代著名古史学家、考古学家徐旭生（1888—1976，南阳人）在《中国古史的传说时代》中说道："《山海经·中次十一经》所记的山很多，共有四十八山，它们的方向纠纷不明，恐怕有所错简。但是这些山散布于今南阳、镇平、南召、鲁山及附近各县境内。此二地所记地方相接，为现在的河南西部。大约是自古相传群帝往来的地方。"据徐旭生考证，"帝国之山""帝台之浆"是说群帝饮水的地方，在今内乡县境内；"倚帝之山"在今镇平县西北。

据史书记载，南阳是夏王朝早期夏禹之国的诞生地和始都地。《史记·货殖》："颍川、南阳，夏人之墟也。"班固《汉书·地理志》："南阳，本夏禹之国。夏人尚忠，其敝鄙朴。"《史记·越王勾践世家》索引注云："楚适诸夏，路出方城。"由于南阳在夏代重要的历史地位，西汉时的南阳人仍以"夏人"自居。东汉张衡在赞美自己家乡的《南都赋》中明确指出："夫南阳者，真所谓汉之旧都也。刘后甘厥龙醢，视鲁县而来迁……固灵于夏时，终三代而始藩"。

"宛"是南阳最早的地名之一。宛，即反映了"盆地"的地貌特征。《说文解字》，"宛，屈草自汉也。"义"四方高中央下"，符合南阳西、北、东三面环山，当中低平的盆地地貌，"屈草自汉"为芳草盖地，植被葱绿。

公元前688年，楚国先后灭掉申、吕，楚文王根据神农氏称南阳之地为"灵气宛潜，富民宝地"的传说，将新建城邑定名为"宛邑"，作为问鼎中原的基地。宛之名自此而始。由于"居汉之阳"的宛邑位于伏牛山之南，汉水之北，头枕伏牛，足蹬江汉，东依桐柏，西扼秦岭，楚人又把宛邑称为南阳。时至今天，南阳市及宛城区均以"宛"为其约定俗成的简称。

古月胜春（张全胜 摄）

南阳市区全景（崔培林 摄）

张衡像

神农氏明信片

　　南阳丰山东南约2km是第七批全国重点文物保护单位——黄山遗址，多层次文化叠压，并出土一具骷髅骨，为黄帝时期的一位"大王"，或与黄帝有着直接关联。南阳堪舆文化学者徐向阳根据地舆伏藏的道家理论认为：丰山相邻黄山遗址，应该是夏禹的都城，分别是祭祀中心与政治中心，丰山是天，是夏禹祭祀的神山。

　　南阳是历史悠久的"丝绸之乡"。据史料记载，周代已有养蚕业和丝绸业。西汉年间，南阳郡为全国八大蚕丝产地之一。东汉张衡在赞美家乡的《南都赋》中记载有"帝女之桑"。张骞第一次出使西域，被汉武帝封在了丝绸之国的缯国境内——今南阳方城县博望镇。他第二次出使西域，便把南阳盛产的丝绸及中原文化传到了西域。

　　畅师文，南阳人，元朝著名农学家，参与我国现存最早的官修农书《农桑辑要》的编写，该书提高和发展了我国的农耕与栽桑养蚕技术。

楚长城遗址（杜全山 摄）

村行

唐·杜牧

春半南阳西，柔桑过村坞。

娉娉垂柳风，点点回塘雨。

蓑唱牧牛儿，篱窥茜裙女。

半湿解征衣，主人馈鸡黍。

——《全唐诗》第523卷

　　唐开成四年（839）春，杜牧由宣州到长安做官，途中经过南阳，在南阳城西农家避雨时受到主人的热情招待，有感写下了《村行》："春半南阳西，柔桑过村坞……"。

　　南阳素有"菊之母""菊之源"之称，是菊花的原产地之一，已有3000多年的栽培历史，对世界园艺作出了巨大贡献。东晋史学家葛洪《抱朴子》记载："南阳郦县山中有甘谷，水所以甘者，谷上左右皆生菊花"。李时珍《本草纲目》："白菊厚生南阳山谷及田野中，郦县最多。"班固《汉书·地理志》载："析有菊水，出析谷"。郦道元《水经注》记载："湍水又南，菊水注之，水出西北石涧山芳菊溪，亦言出析谷，盖溪涧之异名也。"

　　南阳自古被誉为"菊文化之乡"。隋唐时期，菊花山重阳节俗盛，名声远播，专设"菊潭县"。菊潭县古治今内乡县城西北一带，包括今内乡县和西峡县等，"菊潭古治"现存于内乡县衙宣化坊正面。李白、孟浩然、杜甫、苏轼、元好问、司马光、郑板桥等文人墨客都曾到此登高赏菊，吟诗填词作赋。

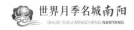

"望梅止渴"的成语故事，就发生在南阳方城县。据《明嘉靖南阳府志校注》记载："梅林铺，县东北五十二里，世传曹军望梅止渴即此。"

神话传说时代到炎黄"富民宝地"，汉代的南阳农业领域同样十分辉煌。张衡赞美家乡的《南都赋》中有"百谷蕃庑，翼翼与与"，就是说家乡的桑漆麻苎，菽麦稷黍等百谷长得非常茂盛，芳草覆地，植被郁郁葱葱。今天的南阳是一个农业大市，依然是全国重要的粮食生产基地，粮食产量占全国的百分之一，素有"中州粮仓"美誉。特别是近千万亩小麦，总产量达到近百亿斤。南阳粮仓不仅养活了一千多万南阳人，而且为中国粮食安全提供了强力保障。2021年，南阳森林面积达1468万亩，森林覆盖率40.5%，资源总量位居河南省首位，是全国生态环境和生物多样性保护的重点地区。丰厚的历史文化、丰富的生态资源孕育出世界月季名城。

南阳"三馆一院"（崔培林 摄）

南阳市行政审批服务中心全景（崔培林 摄）

南阳月季发展史

南阳月季栽培历史悠久，源于汉代（重复开花蔷薇栽植），始于唐宋，兴于明清，发展于当代。

东汉天文学家、文学家张衡（78—139）《南都赋》记载："於显乐都，既丽且康""若其园圃，则有蓼蕺蘘荷，薯蔗姜，菥蓂芋瓜。乃有樱梅山柿，侯桃梨栗。楟枣若留，穰橙邓橘。其香草则有薜荔蕙若，薇芜荪苌。晻暧蓊蔚，含芬吐芳"。这是张衡对家乡香草遍地、瓜果累累、繁花盛开的由衷赞美。

汉代文化苑（陈秋月 摄）

月季与地动仪（边小雪 摄）

屈原　　　　　　　　　　　李白　　　　　　　　　　王安石

屈原（公元前339—278）《楚辞·九歌·涉江》中记载："露申辛夷，死林薄兮。"据考证，露申又名"锦被堆"，是由中国古人培育出的香水月季杂交品种。说明战国时期（当时南阳属楚国）楚国人民已开始种植利用锦被堆、香月季等植物，并建立了兰圃、蕙圃、芷圃等进行种植。

唐朝诗人李白（701—762）《南都行》赞曰："南都信佳丽，武阙横西关。白水真人居，万商罗鄽闤。高楼对紫陌，甲第连青山……遨游盛宛洛，冠盖随风还。走马红阳城，呼鹰白河湾……"这首诗是李白路过南阳时所题，此诗写出了南阳人才汇集，物产丰饶，山川大地之美，不乏月季的影子。

宋代诗人王安石（1021—1086）《次韵答彦珍》曰："手得封题手自开，一篇美玉缀玫瑰……君卧南阳惟畎亩，我行西路亦风埃。相逢不必嗟劳事，尚欲赓歌咏起哉"这是王安石在南阳耕田种地的朋友写给他的信，信中以"玫瑰"比喻文章的优美。可见，当时玫瑰（月季）已进入文人骚客诗词、文章之中，早有栽植。

自汉代以来，南阳的王室贵族开始在庭院种植（重复开花蔷薇栽植），唐宋时期，中国的月季花主要栽培在陕西、河南一带，是月季发展较快的时期，月季种植流传至民间。从李白的《南都行》、王安石的《次韵答彦珍》，可以看到南阳月季种植的历史痕迹。

明清时期月季以河南、山东为盛，南阳也是月季栽培的主要区域。至中国近代，南阳同全国其他地方一样，月季栽培少。

据史料记载，汉代上林苑已出现重复开花的蔷薇。《贾氏说林》："蔷薇曰买笑。"晋傅玄《紫华赋》序："紫华一名长乐花。"明曹学佺《蜀中广记·方物记·草》："长乐花，今蜀人谓之月月红。六朝谓之紫花。"南阳人也把多季开花的蔷薇或月季，称为'月月红'。二十世纪八十年代，南阳引种现代月季以来，人们普遍使用"月季"称谓。

新中国成立后，南阳月季受国家政策、经济发展影响，虽几经起伏，但逐渐步入良性发展轨道，2010年以来进入快速发展阶段。新中国成立以来，南阳月季发展大体可分为五个阶段。

1949—1977年，南阳月季有所种植，但面积不大。

1978—1988年，南阳月季起步发展。1978年，十一届三中全会召开，提倡发展私有经济，实行联产承包责任制，南阳月季由城市、乡村绿化观花为主到家庭种植、规模经营。1980年，卧龙区石桥镇李文鲜在自家院内、房顶种植月季，运到南阳城区售卖，当时每盆价格4元，带动了南阳市民种养月季。期初种植的品种有'明星''黑旋风''香百梨''春''状元红'等30余个。1981年、

南阳月季博览园（张全胜 摄）

庭院月季（陈秋月 摄）

1982年，他在自家三分自留地内种植月季。1982年，时任南阳市建委主任闫文豪号召下属单位购买月季，在南阳市人民公园举办展览，李文鲜拿出500盆月季参加展览，并以每盆1.8元的低价卖给市民（当时市场价每盆2.5元）。《半月谈》23期以"花美心灵更美"为题报道，在全国引起轰动。全国（除西藏外）各地纷纷汇款，以每盆2元（含邮费）的价格寄买月季花。自此，南阳月季打开销路、销往全国。1983年、1984年，月季价格行情基本稳定。1984年，李文鲜发展10户村民共同种植月季。1985年，李文鲜与赵国有连同村里8户农民合作育苗、对半分成，发展月季8亩，挂"李家花圃"牌子，苗木主要销往平顶山以及东北的哈尔滨、牡丹江等地，带动村民共同致富。1986年，在评选"全国农民科技致富能手"大会上，李文鲜受到时任国务院副总理方毅的亲自接见，被授予"月季大王"称号。1987年，李文鲜与赵国有合作育苗结束，赵国有到卧龙区清华镇育苗，李文鲜和原来参与的农户在本地育苗，面积扩大到30余亩（原自家院子和房顶不再种植）、品种100余个。这一时期，南阳月季产业由家庭式、小作坊式，逐步发展成帮扶育苗、合作育苗、品牌育苗，面积由起初的不足一分地，扩大到近120亩，初步形成规模效益。

1989—1991年，南阳月季发展面积减少、产业萎缩。二十世纪八十年代末，国家三年治理整顿让很多种花者弃花种田，南阳月季育苗面积大幅度压缩，由118亩减少到27亩，苗木处于滞销状态。

1992—2009年，南阳月季进入较快发展阶段。1992年邓小平南巡讲话后，中国扩大改革开放，发展社会主义市场经济，加快了月季产业发展。李文鲜当年扩繁月季70亩，面积达到100多亩。赵国有在潦河建立基地的基础上，又回到石桥集中发展月季50多亩。1993—1994年，李文鲜月季面积扩大到600多亩，下辖施庄、小石桥、潦河等4个基地；赵国有月季基地面积100多亩，其他种植户也不断扩大规模，全市月季面积达1300余亩。南阳月季基地、南阳月季集团相继成立，并被中国花卉协会吸收为团体会员。1997年，南阳月季基地与石桥镇政府合作发展月季产业，规模由初期的500多亩、发展到1000余亩，到2000年达到1500亩，南阳月季发展出现小高峰。2001年，随着中国加入WTO，一些外国公司纷纷到南阳订购月季。2002年，日本一家公司购买南阳月季基地苗木1.7万株。2003年出口德国多米尼克公司月季苗木120多万株。同年，受"非

庭院月季（赵俊才 摄）

宜居花城 月季绽放（钟爱一生 摄）

典"影响，南阳月季产业发展受到很大影响，月季客户减少、订单减少，种植户损失较大。2004
年、2005年，南阳月季先后出口荷兰、俄罗斯、美国等。2008年，南阳月季产业出现新的发展高
潮，种植面积近万亩，年出口苗木600万株。2008年，南阳月季合作社成立，吸引一些种植大户
参与发展月季。这一时期，南阳月季产业规模不断扩大、面积达到1400亩，由露天育苗变为大棚
育苗、嫁接、管理等技术水平不断提高；公司、合作社应运而生，形成规模化发展、产业化经营。
2000年，卧龙区石桥镇被国家林业局、中国花卉协会命名为"中国月季之乡"。

帝苑花园（张全胜 摄）

2010年至今，南阳月季（玫瑰）产业进入快速发展阶段。2010年5月，卧龙区举办第一届月季文化节，扩大宣传影响，加快月季产业发展。同年，南阳月季博览园启动建设。2012年，南阳月季出口遭遇瓶颈。南阳月季合作社在种植月季的同时，引进保加利亚'大马士革玫瑰'（'突厥蔷薇'）、'丰花一号''四季玫瑰'等食用优良品种，试种面积30亩。当年，南阳市以举办第七届全国农运会为契机，开展"优美花城迎农运"行动，在中心城区广植月季，两年种植月季500万株以上，形成了工业路、文化路等月季景观大道，月季栽遍南阳城区大街小巷。2013年，龚旭光成立嘉农农业科技开发有限公司，他从山东引进'白玫瑰''大马士革玫瑰'（'突厥蔷薇'）、'丰花一号'3个月季品种，发展面积327亩。2014年4月，进行低温烘干，制作玫瑰花茶；同年12月，月季种植面积达到807亩，同时又与邓州、社旗县、宛城区等种植户合作，种植600多亩。2015年，邓州、唐河又扩大面积320亩，种植面积达1727亩，每亩年产月季花蕾600多斤*。当年加工销售月季花茶20多吨、月季酱16吨。龚旭光专注研发生产加工月季化妆品和食品。南阳月季产业进入种植、加工、销售产业化发展阶段。2015年7月，中国月季交易网建立运行，拓展了月季交易渠道。2016年南阳月季发展迈进重要节点，10月，南阳市成功申办"2019世界月季洲际大会"。2017年2月，南阳市委、市政府召开动员大会，下发世界月季名城工作方案，自此大会筹备和月季名城建设全面展开。2018年12月，南阳市政府授予赵磊、李付昌、王超等13人为首批"南阳月季大师"，引领南阳月季产业快速发展。这一时期，南阳市利用举办农运会、月季花会，参加世界月季盛会，加大宣传推介力度，打响月季品牌。同时，引进发展月季产业、进行深加工，月季（玫瑰）进入快速发展阶段，面积不断扩大，知名度不断提高。利用互联网新业态，实行订单育苗、网上销售，月季（玫瑰）产业进一步做大做强。

2019年，世界月季洲际大会筹办，推进南阳月季产业发展步入新阶段。

2021年5月12日，习近平总书记在南阳调研时指出，"地方特色产业发展潜力巨大，要善于挖掘和利用本地优势资源，加强地方优质品种保护，推进产学研有机结合，统筹做好产业、科技、

---

*1 斤 =500g

文化这篇大文章"。为贯彻落实总书记重要指示精神，6～8月，南阳市政府组织人员深入月季种植企业、大户、大专院校、科研院所，并赴云南、四川、上海、江苏、浙江进行考察学习，在2019年制定实施《关于加快月季产业发展的意见》基础上，出台月季产业发展扶持措施。8月21日，南阳市委常委会召开会议，市委书记朱是西听取扶持措施制定情况汇报，明确指出，要坚定不移发展壮大月季产业，支持组建南阳市月季产业发展促进中心，统筹推进月季产业的规划、研发等工作。8月30日，南阳市委书记朱是西、市长王智慧听取月季产业发展情况汇报，强调要深入推进月季产业提质增效，实现月季产业化发展；做优月季种植管理，培养月季管理队伍，提升月季生产管理水平和培训能力；加强月季品种培育，推进种质创新；开展月季花卉产品开发，推动月季产业转型升级，更好地促进群众增收致富。月季园林景观应用要与城市更新有机结合，加大投入力度，打造"月季花海"，扮靓大美南阳。要以国际化的视野发展壮大月季产业，通过举办全国性乃至国际性的月季花会，与文化旅游有机融合，实现"办好一个会，激活一座城"的目标，带动城市发展。9月7日，南阳市委、市政府出台了《关于扶持月季产业倍增发展的二十条措施》，加快建立标准化生产、科技研发、市场营销、产业融合发展、支撑保障五大体系，到"十四五"末，实现月季生产株数、销售收入、出口创汇倍增翻番，全方位推动南阳月季产业转型升级、提质增效、做优做强，进一步打响"南阳月季甲天下"品牌，高质量打造富民富县特色产业，有力助推乡村振兴，打造中国月季产业转型发展高地。卧龙区出台了《关于加快月季产业高质量发展的实施意见》，成立了月季协会，力争到2025年，全区月季种植面积稳定在12万亩，月季产业总产值达到40亿元，新增就业3万人，带动就业15万人，把中国南阳月季产业示范区、南阳月季博览园区建设成为5A级景区、产学研基地和旅游目的地，实现"南阳（卧龙）月季，花开中国，香飘世界"。

截至2021年，南阳市月季种植面积达到15万亩，年出圃苗木15亿多株，年产值25亿元，引进保存月季品种6300余个。

南阳市政府市长王智慧考察南阳
月季产业

南阳市委书记朱是西考察南阳世界月季大观园

南阳市花评选

　　南阳市花是因撤地设市而诞生的。1993年9月7日，南阳行署以宛署[1993]116号文件向河南省政府请示，"将南阳市升格为地级市"。1994年7月，经国务院国函[1994]69号批复同意，河南省人民政府以豫政文[1994]216号"关于撤销南阳地区设立地级南阳市的通知"，批准"南阳撤地设市"，同时撤销县级南阳市。

　　1994年11月7日，南阳举行隆重的庆祝南阳市成立大会和"撤地设市"挂牌仪式；同时，南阳市徽、市花提上议事日程。1994年12月，南阳市政府成立以副市长任组长的"南阳市市花征集评选小组"。1995年1月5日，南阳市政府通过《南阳日报》等媒体向社会发布《关于征集南阳市市花的公告》，由南阳市文明办具体负责市花征集评选工作。

　　1995年3月上旬，征集小组从全市各方面收到的市花推荐信中，筛选出月季、菊花等符合推荐原则的花卉。

月季花开香宛城（谷雨 摄）

3月中旬，征集小组对遴选出来的市花方案在报纸和电视台播出，广泛收集群众意见。

3月下旬，评选小组在收集全市人民群众意见的基础上，经认真筛选评议后，将月季、菊花等推荐上报。

6月初，南阳市政府召开市长办公会议，根据群众推荐和专家评选意见，研究确定"一市两花"和月季、菊花作为首选方案提交。

在市花征集评选活动中，共收到318989位市民的推荐信，推荐一市二花的197988人，占62%，在推荐一市二花的197988人中，推荐"月季、菊花"的135610人，占68%。"月季、菊花"作市花，能突出体现推荐原则，反映南阳特色，可以弥补一花单调，花期有限之不足，可错开花期，保持全年有花。

南阳是月季的适生区，月季品种多，花形优美，花期长，色彩丰富，观赏价值、经济产业价值较高。月季作为市花，其生命力旺盛，象征南阳人民坚强不息，经济发展繁荣昌盛，未来生活更加幸福美好。

南阳是菊花的故乡。每当深秋季节，百花凋零，唯有菊花傲霜独放。菊花象征南阳人民不畏艰难、顽强拼搏和乐于奉献的优秀品格，激励人们立志奋进，知难而上，创造辉煌。

"月季、菊花"作为市花，可互相搭配，优势互补，盛装南阳大地，提升城市品位，展示内涵形象，创造优美环境，打造特色名片，推动南阳高水平发展。

6月底，南阳市政府《关于提请审议南阳市市花的议案》（宛政[1995]158号），提请市人大对南阳市花征集评选进行审议，同时向市人大报告南阳市市花征集评选过程。

8月5日，南阳市政府又进一步征求专家评审小组和社会各界意见，以宛政[1995]206号文件向市人大提交"南阳市人民政府关于提请审议南阳市市花补充意见的报告"，把市长办公会议研究将月季、菊花作为"一市两花"的意见提交市人大审议。

经市人大审议，形成了南阳市第一届人民代表大会常务委员会命名月季、菊花为市花的决议（草案），经南阳市第一届人民代表大会第八次会议批准市人民政府提出的议案，决定命名月季、菊花为南阳市"市花"。由市人民政府向全市市民公布并组织实施。

1995年9月，南阳市政府通过《南阳日报》等媒体和电视广播正式向全市市民公布月季、菊花为市花，并印制了"南阳市市徽市花评选纪念卡"，发放给有关部门和个人作为纪念。1995年11月，《南阳市人民政府令》发布《南阳市市花管理规定》即日起执行。

2018年5月10日，为更好地推进南阳市国家生态文明先行示范区建设，开展好"绿水青山杯"主题宣教活动，迎接世界环境日和"2019世界月季洲际大会"的举办，纪念《南阳市白河水系水环境保护条例》实施一周年，由南阳市环保局、南阳市林业局、南阳报业传媒集团、南阳市生态文明促进会联合举办"2018南阳市十大名花评选活动"期间，各有关单位或个人积极推荐参评作品，踊跃投票评选。经材料审核、网友投票和专家评审，最终确定月季、玉兰花、梅花、兰花、桃花、菊花、樱桃花、李花、栀子花、山茱萸花10种花为"南阳市十大名花"，连翘、紫荆花、荷花、杜鹃花、玫瑰花5种花获得"南阳市十大名花提名奖"。

世界月季名城——南阳

SHIJIE YUEJI MINGCHENG:
NANYANG

第二章
勇于探索 月季启航

DIERZHANG
YONGYU TANSUO YUEJI QIHANG

潮涌月季城（张桂兰 摄）

南阳月季品种引进

　　南阳月季品种引进始于二十世纪八十年代初期，当时南阳市月季品种比较单一，主要以大花月季'绯扇''亚力克红''加里娃达''黄和平''莱茵黄金''梅郎口红''明星''黑旋风''香百梨''春''状元红'等30余个为主要生产供应品种，多用于居民庭院栽植、家庭观赏、游园点缀种植。

　　二十世纪八十年代后期，随着城市园林绿化步伐加快，南阳市开始引进丰花月季'红帽子''欢笑''莫海姆''橘红潮''红从容''金凤凰'等30多个月季品种，用于园林布置花坛、花境、草坪片植等，满足街道、绿化带绿化美化需要。

　　藤本月季具有攀援生长的特性，在园林街景、美化环境中具有独特的作用。二十世纪九十年代初，出于垂直绿化的需要，南阳市引进了'光谱''大游行''西方大地''欢腾''安吉拉''橘红火焰''云腾''金秀娃'等品种，构成了赏心悦目的花柱，或做成各种拱形、网格形、框架式供月季攀附，修剪整形，成为联系建筑物与园林的巧妙纽带。

　　1997年前后，切花月季'萨曼莎''红衣主教''卡罗拉''大丰收''绿香槟''影星''雪山''水蜜桃''红法国'等品种，深受花卉市场欢迎，成为南阳市月季产业引进的主栽品种。2000年，南阳月季种植户开始利用木香作为砧木，采用'粉扇''绯扇''电子表'等大花月季品种作为主要接穗，培育树状月季，在城市道路、公园游园、小区庭院等有绿地的地方推广种植树状月季。地被月季具有易繁殖、生长快、抗性强、耐贫瘠、耐阴、耐干旱、抗寒能力强，且枝条在地面上匍匐生长速度极快等优点，南阳市引进地被月季'巴西诺''寒地玫瑰''哈德福俊'等20多个品种，用于绿化美化。为减少对原生态植物的破坏和采伐，南阳市月季种植户利用蔷薇做砧木，欧州月季系列的'红龙''粉龙''一流小姐'等品种接穗培育小高杆月季。

　　2010年以来，南阳市月季企业引进了优良月季品种。南阳月季合作社、嘉农农业科技开发有限公司引进了保加利亚'大马士革''白玫瑰''丰花一号''四季玫瑰'等月季优良品种，进行种植、采摘、深加工，发展面积2000多亩。

　　通过多年引种，南阳月季品种不断丰富，色彩多样，种类繁多。主要培育有大花月季、丰花月季、微型月季、藤本月季、地被月季、树状月季、古桩月季等类型；栽培品种有'绯扇''粉扇''希望''绿野'等1000余个；月季色系有白色、黄色、橙色、粉红、红色、复色等10多个色

'红卧龙'　　　　　　　　　　　　　'欢腾'藤本月季

系。南阳月季基地筛选培育的'夏令营''粉扇''卧龙''双藤'等优质月季新品种50余个。南阳月季合作社通过杂交育种、辐射育种、芽变育种，培育藤本月季品种'藤红双喜''藤和平''画魂'及丰花月季'彩蝶'等。2017年以来，南阳市抓住世界月季洲际大会申办的机遇，实施名优月季品种引进工程，引进了'路易斯克莱门兹''闪电''公爵夫人''紫雾泡泡''安尼克城堡''查尔斯奈茹'等月季新品种4000余个，2021年月季品种达6300余个。

'柔情似水'　　　　　　　地被月季　'东方之子'

南阳月季培育技术

本节所述月季培育技术，是以南阳月季培育生产过程中的实际操作经验总结而成，尚需在实践中进一步规范，仅供月季培育操作者作为入门参考。针对不同地区不同品种的月季培育，在具体操作中必须结合当地的条件及培育需求，制定适宜规范的操作技术，培育过程中化肥农药等的使用和处理，也要严格遵守相关法规标准，符合环保要求。并按照月季培育新趋势，不断提高月季的抗性，培育多形态、多花形、耐高温、耐寒、耐旱、耐涝、自洁、不打药等，高抗性、低维护月季新品种。

一、地栽月季培育技术

地栽月季，根系发达，生长迅速，植株健壮，花朵硕大，观赏价值高，在管理时根据不同的类型，生长习惯和地理条件来选择栽培措施，栽培地选择地势较高，阳光充足，空气流通，土壤微酸性。地栽的月季更利于繁殖培育和后期的管理养护。

地栽月季通常选在春天发芽前进行栽植。一般情况下扦插苗床培育的小苗不用于地栽时使用。因此，地栽月季时最好使用本地苗圃的苗木，特殊需要时也可由外地调运苗木。地栽月季所用苗木通常在圃地中进行培育，其培育方法与温室内沙床扦插的盆栽苗木基本相似，这里不再重复介绍。

月季培育

（一）栽植准备

月季地栽准备工作包括选地、翻耕、施基肥和处理苗木四部分。

1. 选地

选择地势平坦，排水通风良好和向阳的地方进行月季栽植。地块选定后，必须对土壤进行调查和化验，以确定其质地、结构、肥力和酸碱度，而后根据结果确定是否进行土壤改良。

2. 翻耕

土地翻耕的深度应根据株龄而定，一般情况下栽植幼苗翻耕深度约10cm，栽植1~3年生，植株翻耕深度约25~30cm，栽植3年以上植株翻耕50cm左右即可。翻耕时应将土块打碎，清除石块、瓦片及杂草等。

3. 施基肥

常用基肥有两种：一种是有机肥，如草木灰、干鸡粪、牛粪和土杂肥等，一般每平方米施肥0.5~1kg；另一种是无机肥，主要指化肥，如过磷酸钙、碳酸氢铵和复合肥等，一般每平方米施肥0.4kg左右。

4. 处理苗木

从外地运来的月季苗，因长途运输枝条易产生皱缩或苞芽发黄现象，此时应将苗木浸泡一昼夜或置于泥土地上，每天洒水两次，夜晚盖上塑料布，保温防寒，使其逐渐复苏后再进行栽植。栽植前还应适当剪去一部分枝条，一般每株留3~5根枝条，枝条较长的限制在40cm以内。苗木主根长度超过30cm的，多余部分应剪掉。

（二）栽植密度

月季栽植密度的大小因品种而定，一般情况下微型月季行距和株距都是15cm。丰花月季行距和株距都是35~45cm。杂交芳香月季行距和株距都是45~60cm，扩张性品种和藤本月季行距和株距都为100cm左右。

（三）栽植方法

栽植时，先在平整好的土地上挖坑，坑的大小、深浅要视月季的品种而定。一般栽植壮花月季或蔷薇嫁接月季时，由于其根系发达宜深栽，一般坑的直径为30~50cm，坑的深度为30~40cm。挖好坑后应将底层硬土块敲碎，再施上适量基肥，而后再覆上5cm左右的土，最后将月季放入坑中，将根向四周分开放平，填上土用脚踩实，再将月季轻轻向上提一下，使其根部更为舒展，以提高成活率。值得注意的是：坑的表面不要填平，要留浅洼，以便蓄水。栽植完毕及时浇透水。其他品种的地栽方法，除了挖坑的大小、深浅不同外，其步骤与栽植壮花月季基本相似，这里不一一讲述。

（四）栽培提示

为进一步提高成活率，生产中经常采用育苗钵种植，需要栽植时，去掉育苗钵，将整个土团栽植在地里或者花盆中。

栽植月季的时候，无论是栽植幼苗还是成年株，不管是裸根栽植还是带土球栽植，从圃地里挖出的苗木都应该尽快栽植，这样做可以防止苗木根部发生脱水现象，提高栽植成活率。

（五）地栽管理

月季地栽管理主要有：浇水、施肥、松土锄草、修剪整形和防寒越冬等。

1. 浇水

浇水是月季管理的主要环节，是保证月季正常生长的关键。月季浇水分为叶面喷水和地面浇水两种。叶面喷水既可以洗去叶面灰尘，又可以起降温作用，同时还可以减轻虫害；地面浇水应根据土壤的干湿程度而定，一般土壤散而干时应多浇，土壤黏而湿时应少浇。春季月季对水分要求不多，可根据不同品种每隔2～3天浇水一次；夏季气温高，月季生长迅速，植株和土壤水分蒸发量大，需多浇水，一般应每天浇一次水；秋天，温度较低月季生长也逐渐迟缓，可每隔一天浇水一次；冬天，月季进入休眠期，对水分需求量明显减少，一般情况下每周浇水一次即可。给月季浇水的时间也是有讲究的。月季浇水管理，一般注意3个季节，即春天、夏天、秋天，浇水时间一般放在上午10点以前，冬季浇水（时间）一般放在午后1～2点进行为好，这是因为春夏秋三季，要求水温低于土壤，冬季要求水温略高于土壤，更有利于月季的生长和它的习性。

2. 施肥

施肥要根据月季植株长势、季节和生长发育阶段的实际情况而定。地栽月季常用的肥料是，有机肥和无机肥两种。常用的有机肥主要有：圈肥、鸡粪、饼肥等。施有机肥一般选在栽植后每年冬季施肥一次，每亩施肥400～700kg。其方法是：先将基肥均匀地撒在地里，然后，用锄将土壤表层翻起，使肥料与土壤拌匀。常用的无机肥主要有：尿素、碳胺和复合肥等。地栽月季首次施无机肥通常在起花蕾期，也就是5月初；6月底至7月上旬和9月底至10月上旬各施一次，每亩施肥6～11kg。为地栽月季追施无机肥可选叶面喷肥，喷施浓度要低于0.2％，不然会发生药害。喷施

大田月季育苗

盆栽月季育苗

扦插月季育苗

月季田间育苗管理

时间应选在早晨或晚上，因为此时气温低，湿度大，肥料在叶面上停留时间长。另外，喷洒时不但要喷洒叶子表面，而且还要喷叶子的反面，这样更有利于月季对肥料的吸收。

3. 松土锄草

月季松土和锄草通常情况下是同时进行的。松土可使土壤疏松，增加透气性，以促进肥料的分解和水分的蒸发。锄草的目的是避免杂草与月季争水、争肥和减少病虫害。松土锄草一般在每次浇水后或雨后进行，每年可进行10次左右。松土锄草时要保证质量，不可太浅或太深。因为太浅达不到抗旱保墒的作用，太深了会对月季根系有所伤害。因此，要求松土深度一般在2~3cm左右为宜。

4. 修剪整形

月季是一种生长旺盛，分枝力较强，生长期较长的花卉。因此，要科学地把握修剪时机，才能确保将有限的养分转移和集中到保留的枝条上，以促进下一茬花蕾的形成。月季的修剪时机通常按其生长习性而定，一年中可进行3~4次修剪。第1次修剪是在春季，即月季萌芽前进行；第2次修剪一般在第一茬花开过后，也就是5月中旬进行；第3次是为迎接国庆节开花，在立秋后的1~2周内进行。月季的修剪内容有：剪老弱病残枝、剪除多余枝、摘蕾和除残花等。剪老弱病残枝通常在冬春季进行。老弱病残枝影响美观，耗损养分，开花瘦小或不开花，枝条有病虫害等，都应一一剪除。月季植株中的多余枝有：横生枝、交叉枝、过细枝、过密枝以及嫁接株的蔷薇蘖枝等。这些枝条与正常枝条争夺阳光、水分、养分，同时枝条过密，造成空气流动不畅，影响月季正常生长，因此，都应剪除。对一枝多花的壮花类月季品种，可以摘去主蕾及过的小蕾，使花期集中，花朵大小匀称。对于新植幼株，当开春第一次形成小花蕾时，应进行摘蕾，使其积聚养分，促进植株生长健壮。当月季花凋谢后要立即剪除残花。需要注意的是应将残花连同其下面的两组叶片一起剪除，通常情况下是从残花向下20cm左右的地方剪下。这样可以增强新枝长势，使第二茬花开的更美。

如花后不及时剪除残花，残花下部的几个腋芽首先萌发形成软弱的小枝，即使能开出花朵，也多是些畸形的小花，既消耗了养分，又破坏了株形。

5. 防寒越冬

月季防寒越冬常用的方法有：培土法、灌水法和浅耕法等。培土法：冬季，对地栽月季特别是秋季栽植的月季应在其根部培土，以防止冻伤；翌年3月下旬再将上面的土除去，使其继续生长。灌水法：由于水的热容量大，灌水后可以提高土壤的导热量，将深层土壤的热量传到地表面。同时，灌水可以提高附近空气的温度，也就提高了植株周围土壤的温度，因此，灌水能起到保温和增温的效果。浅耕法：冬季，对月季进行浅耕可使土壤层组织疏松，有利于太阳热能的导入，增强土壤对热的传导作用，同时，还可以减少因蒸发而发生的冷却作用。

二、盆栽技术

（一）上盆

是指新育成的小苗或地栽月季发芽前由大棵起苗开始用盆栽植。用粗沙或水培的小苗以及地栽裸根苗上盆，宜用素沙壤土栽植一段时间，待根系生长壮实再用加肥培养土并垫上底肥倒大一号盆栽培。用培养土扦插的月季小苗或地栽带土坨的小盆，可用普通培养土栽植。上盆时，新盆先用水沤透，旧盆洗刷干净，根据盆子大小分别在盆底垫1~3cm厚粗沙作排水层。然后比照棵子大小填一部分土。裸根上盆的，盆中心堆成小丘，左手把植株放正扶直，右手填土，随填土随向上轻提苗，使根条呈45°下垂。栽好后把土敦实，根丛带土上盆的也要把根须理顺植株栽正。小苗上盆一般不拘时间，培育成活即应及时上盆以防徒长变弱。地栽大棵上盆必须在入冬落叶之后或早春发芽之前的休眠期进行，否则影响正常生长发育，树势减弱，需要很长时间才能复壮。上盆时用土要求湿润松散，上盆后暂不浇透水，注意遮阴避风，这样不仅可促进断伤根须迅速愈合，并易复壮旺长。

（二）倒盆

根据月季植株生长态势和发展的需要从小盆整坨脱出，栽到大盆中，包括从素土栽植过渡到培养土中。倒盆一般不拘时间，如春季上2号盆栽的小苗，生长旺盛的，到7~8月又可倒到9号筒盆。植株再大的还可倒到更大一号的花盆栽植，脱盆时用右手食指和中指挟住植株茎部，手掌紧贴土面，左手托住盆底翻过盆来。月季小苗的用手轻掸盆边，大盆的双手托盆在硬处轻磕盆沿，即可整坨脱出植株。原盆土事先应找好水，脱盆时不可过干过湿，倒盆用培养土栽植，先把整坨表层土（"宝盖儿"）及下部排水层去掉，再把根坨外围盘绕的须根稍加疏开理顺，轻手操作不可散坨，随即放在盆中，加入20~60g蹄片作基肥，填土敦实倒盆后即可继续正常养护。

盆栽月季

（三）换盆

盆栽两年已发展成型的各类月季为保持植株生长旺盛，株姿匀称，每年落叶之后发芽之前结合修剪，更换盆土，加施底肥。换盆一般仍用原规格的花盆，不再加大号码。冬季入土窖中封闭保存的，整坨脱盆后疏根，先把根坨表层土及底部排水层去掉，再把根坨外围盘绕过密的须根剪掉，注意检查剔除朽根及根瘤，保留护根土不可散坨，取消的旧盆土不超过1/2，然后入冷窖假植，来春用新土盆栽。冬季放在冷室或薄膜阳畦内的，即可换新土栽入原盆，操作要点与倒盆相同。换盆后浇一次透水，即可入冷室或阳畦养护。

盆栽月季树生长期应适时浇水，经常保持盆土湿润。高温干燥和寒冷时节宜向叶面及周围环境喷水保持枝清新，寒冷时节控水，但也不能盆土干透。施肥应根据不同品种的喜肥习性和生长发育各个阶段的需要，以及气温、光照和长势强弱，适时适量施用基肥或追肥。

三、树状月季培育技术

树状月季指用根系发达、枝条粗壮挺拔、不易老化、亲和力强、易繁殖的蔷薇种作砧木，将适宜的月季（玫瑰）品种接穗高接于高秆、独秆砧木上，经培育形成的具有明显主干、似树状的月季（玫瑰）。

高秆扦插繁育砧木苗指用蔷薇抽出的一年生、高度70cm以上、直径0.8cm以上的成熟枝条，直接扦插繁育树状月季砧木的方法。

二次嫁接法繁育砧木苗指运用基砧、中间砧，通过两次嫁接而成型的树状月季；主要用于培养高杆型月季。

（一）苗床建造

1. 生长期扦插苗床建造

选择地势平坦、通风良好、日照充足，靠近水源、电源的地方。苗床南北走向，高30cm、宽1m，沟宽35cm。整平地块，铺秸秆15cm（麦草、稻草、干草均可），秸秆上铺珍珠岩与蛭石的混合基质10cm，混合比1∶1，整平苗床。苗床占地14m×14m，安装全光照自动喷雾装置。

2. 休眠期扦插苗床建造

①选址及苗床规格。选择地势平坦、背风向阳的位置，以南北走向做苗床。苗床墙高30cm、宽45cm、长13m、墙距2m。苗床底整平，铺秸秆15cm（麦草、稻草、干草均可），秸秆上铺珍珠岩与蛭石的混合基质10cm，混合比1∶1，整平苗床。

②搭建拱棚。用直径2cm的镀锌钢管或直径2.5～3.2cm、长6m的竹竿均可搭棚，间隔60cm均匀地插入地下25～30cm，高1.8～1.9m，宽5.35m，扎紧牢固，然后覆盖8～10丝的聚乙烯塑膜。

（二）砧木苗繁育

1. 高干扦插繁育砧木苗

①砧木选择。常选用的砧木有粉团蔷薇（*Rosa multiflora* var. *cathayensis*）、小果蔷薇（*Rosa cymosa* Tratt.）、日本大阪无刺蔷薇（*Rosa multiflora* var. *inermis*）。

②生长期扦插。插条选择：抽出蔷薇成熟的当年生徒长枝，要求高80cm以上、直径0.8cm

树状月季

以上。

插条处理：于蔷薇母株上选取符合条件的徒长枝条用作插条。扦插前，剪除枝条顶端生长点，选留上部的3~5个芽眼及相应的复叶，每个复叶留两片小叶，用经过酒精消毒的锋利刀片将枝条下部的芽眼剔除，在确保剔除干净的前提下尽量减小伤口，伤口涂抹凡士林，剪除下部叶片，在基部芽下0.5cm处剪成斜口，与水平面呈45°，剪口要平滑。剪好的插穗马上用湿润毛巾覆盖基部。

扦插：插条放入有效成分含量为70%的甲基托布津1500~2000倍液或有效成分含量为25%的多菌灵1500~2000倍液中浸泡10小时，经过杀菌消毒后取出，根据插条不同高度分开扦插。扦插深度4~5cm，株行距5cm×10cm。制作固定支架，防止插条倒伏。

苗床管理：苗木扦插后第一周，利用全光照自动喷雾装置喷水，间隔时间调整为白天3h，晚上10~15小时，每次喷水时长15~20分钟。第8天开始，喷水间隔时间调整为：白天5~7小时，晚上15~20小时，每次喷水时长调整为20~25分钟。并在傍晚按照每周一次喷施0.1%~0.3%KH_2PO_4有效成分含量为25%的多菌灵或有效成分含量为70%甲基托布津800倍液。扦插30天后，减少喷水次数，增加喷水时间，开始炼苗。即喷水间隔时间调整为15~20小时，喷水时长调整到1~3小时，晚上停喷。炼苗15天后即可停止喷水，可视天气情况适当调整，适时浇水、排水。

③休眠期扦插。扦插时间及插条选择：扦插时间在11月中下旬至大雪节前进行，插条选择、插条处理、扦插同上。

苗床管理：温湿度控制，棚内相对湿度低于75%，扦插介质湿度低于65%时，要及时均匀浇水，浇水后要用有效成分含量为25%的多菌灵1000倍液消毒。

放风炼苗：扦插苗叶柄产生脱离层，一碰即落时，要及时炼苗，放风6天后，撤掉塑料薄膜，随时注意扦插苗的病虫害防治。塑料膜撤后7天，扦插苗可以移植。

④砧木苗移植。炼苗后及时将砧木苗从苗床移至大田。起苗前浇透水，起苗时保持苗木根系完好，按照30株一捆捆好，避免风吹日晒。栽植前适当修剪根系。双行高垄栽植，株行距30cm×50cm。栽植时根据砧木品种、高度分别栽植。栽植深度以分根点与地面相平为宜。搭建支撑杆。

2. 二次嫁接法繁育砧木苗

①基砧选择、培养。基砧选择：选择结实率、发芽率高，抗性强，根系发达的蔷薇品种。

基砧培养：种子处理，9月底、10月初，果实从绿色转为橘红色直至红色时，表明果实已成熟。所选砧木种子成熟后，采种并将种子在水中漂选，然后按照一层沙一层种子进行沙藏。沙子的湿润程度以手握成团，松开即散为度。

播种：种子胚根刚露出时，即可播种。采用平畦播种，畦面一般1m×5m。畦面整平后灌透水，按照种距2cm×3cm的密度撒播，覆盖经过细筛子筛过的沙壤土0.2～0.3cm。

基砧移植：幼苗长出3～5片真叶时移至大田。起苗前浇透水，起苗时保持苗木根系完好，按照30株一捆捆好，避免风吹日晒。栽植时切断主根，双行高垄栽植，株树状月季在园林中的应用行距30cm×50cm。

②中间砧的选择与嫁接。接穗的选择：选择生长健壮、芽体饱满的当年生粉团蔷薇（*Rosa multiflora* Thunb. var. *cathayensis* Rehd. et Wils.）枝条剪取接穗。每30根1捆，湿沙窖藏备用，也可随采随用。

嫁接:在休眠期，去除基砧根颈处的枝条和萌蘖，在根颈部位嫁接。嫁接处用可降解塑料带绑扎。

嫁接后检查成活：嫁接后10～15天，如芽色鲜绿即是成活。

去萌：及时除掉基砧上的萌芽。

（三）整地

砧木苗定植前先整地，亩施烘干牛粪1500～2000kg、复合肥100kg，深翻40～60cm、平整土地，按照高20～30cm、宽60cm起垄，沟宽60cm，南北走向。

月季营养钵育苗（李德强 摄）

树状月季培育

（四）主干培养

1. 养根

在主干半径达到3cm时，每2～3年进行一次断根处理。以树基为中心，以树干半径的3～4倍为半径画圆，先在圆形相对的两段东和西弧或南和北弧向外挖宽30～40cm的沟，深50～70cm（视根的深浅而定）。沟挖好后，填入肥沃土壤并分层夯实，然后浇水。翌年按上述方法再挖其余的两段弧。断根时间在初春或夏末秋初。

2. 育干

及时抹去主干1/3以下芽。根据生长情况，及时松绑或更换绑缚带和支撑杆。

3. 定干

根据商品用途和主干高度，进行截杆定杆，培育砧木树冠。

（五）嫁接品种选择与嫁接

1. 嫁接品种选择

用作嫁接的月季品种，生长势和分枝能力和砧木应基本一致，且抗寒、抗旱、抗黑斑病、抗白粉病能力较强、花期较长、与砧木亲和力强。

2. 嫁接

①嫁接时间。定干后即可进行嫁接。一年四季均可嫁接。

②嫁接部位。在树冠当年生健壮枝条上嫁接。

③嫁接方法。分芽接和枝接两种。芽接用"丁"字形芽接或带木质部嵌芽接。

3. 嫁接后管理

①检查成活。嫁接后约10~15天，接芽叶柄发黄一碰脱落，说明已经愈合；若是枝接，嫁接后15~20天，接穗未失绿、未失水、未现黑斑，说明已经愈合。如未活要补接。

②去萌。及时将砧木上长出的萌芽除掉，以免影响接芽生长。

（六）土肥水管理

1. 松土除草

根据生长季节和生长发育要求，及时松土除草。松土除草深度一般在5~10cm，做到不伤害苗木根系。

2. 施肥

以土壤施肥为主，叶面喷肥为辅，做到适时适量施肥。入冬落叶后施腐熟的农家肥一次，依树体大小每株5~20kg。萌芽后浇一次10‰硝酸铵水溶液，以后每半月浇一次，并喷施叶面肥0.1%~0.3%磷酸二氢钾2~3次，间隔10~15天一次。生长季节每月施1%的尿素追肥一次。

3. 灌水及排水

根据天气情况适时灌水、排水，灌水采用沟灌。

（七）整型修剪

采用无主头自然状树型，成型后全树共配置一级主枝3~5个。

1. 第一年修剪

①生长季节修剪。接芽成活后，新抽枝条现蕾时及时摘除花蕾，促抽侧枝。同时摘除侧枝上的花蕾促发副侧枝，保留副侧枝上的花蕾，让其开花。谢花后将残花及时从梢部往下数第2片小复叶腋芽的上方0.5cm处剪除。

②休眠期修剪。剪除冠内的病虫枝、直立枝、交叉枝、重叠枝、枯枝、弱枝及梢顶部的小分杈。对构成骨架的各级分枝留2~8个腋芽短截，其余分枝有生长空间的，根据生长空间的大小，分别留2~4个腋芽短截。

2. 第二年修剪

①生长季修剪。继续剪除残花，疏除冠内的内向枝、挡光枝和梢部分杈枝。对冠内有空间的直立枝摘心，促发分枝。无空间的分枝采取拿枝、扭枝等方法使枝条在树冠内分布趋向均匀，以占领一定的空间。

②休眠期修剪。与第一年相同。通过2年的整形修剪，无主头自然状树型同株多色月季基本形成，这种布局把各一级主枝、二级侧枝、三级副侧枝和冠内的各个分枝均匀地分布在上、下、前、后、左、右的空间，形成圆满、自然的冠形。

（八）常见病虫害及防治

树状月季病虫害与其他月季一样，主要病害为：白粉病、月季黑斑病、月季灰霉病、月季锈病、霜霉病、病毒病；主要虫害为：蚜虫、螨类、金龟子、蔷薇茎蜂、月季叶蜂。防治方法参照国际、国家相关标准，并符合环保及相关法律法规。

月季修剪养护

（九）出圃

嫁接成活后的翌年即可出圃，起苗前要浇透水。苗木出圃时间分秋季和春季。秋季在落叶后至土壤封冻前，春季在土壤解冻后至萌芽前。起苗时要保证根系完好，裸根或带苗木地径的8～10倍土球均可，土球要缠好草绳。

（十）假植

起苗后不能及时外运或不立即栽植的苗木要立即进行假植，将苗木根部埋入湿沙或湿土中即可。若需长时间假植，特别是越冬假植应解散苗捆，挖沟将苗木根部埋入湿沙中，浇水后培沙，覆沙高度一般为苗高的1/2。挂好品种标志牌，及时检查温度、湿度。

（十一）苗木包装运输

将修整好的树状月季按照不同规格、品种单独包装、挂上标签，用粗布包裹树冠，注明等级。运输时避免土球压碎、树冠遭破坏。

四、嫁接月季培育技术

（一）春季嫁接

1. 整地

在入冬前，在深耕细耙、土地平整后，做成长1400cm、宽85cm、高20cm（或70cm）的地畦，做到旱能浇、涝能排，方便管理。

2. 蔷薇的扦插

①露地扦插。将已木质化的蔷薇枝条剪成长15cm，下端切45°的斜面，这样既便于扦插，又帮

助愈合生根，把剪好的蔷薇枝条用1800倍的多菌灵水溶液、2000倍的高锰酸钾溶液浸蘸，消毒后待插。将地畦上面开两道沟（70cm宽的畦开一道沟），两沟之间的距离为15cm，沟内放足水后，将枝条插放沟内，深度不超过枝条的1/3，即插入土中5cm（包括上面所封的土），株距8cm，扦插要求枝条直立，以后便于嫁接，然后再追浇一次水，用土封牢、不要透风即可。扦插蔷薇生根后，需要中耕1~2次，在天气寒冰时，应及时灌足防冻水露地越冬。

②塑料大棚扦插。其方法和露地扦插一样，成活率要比露地高，大棚扦插的蔷薇到了翌年春分左右（3月上、中旬）要及时放风炼苗，作好春季的嫁接准备工作。

3. 嫁接

①接芽的选择。到了春暖花开的时候，年前准备的月季种苗腋芽陆续饱满（种苗也可利用塑料大棚盆栽培养），这时应选择较饱满的月季萌芽作为接穗。接芽一般选择开花后的枝条，从顶部下数，第一片或第二片2枚叶片的腋芽作接芽。

②嫁接。首先要用已经消毒的刀具，将砧木基部离地面2cm处的韧皮割开宽0.5cm、长1cm的口子，并去掉韧皮；紧接着再用刀具在月季枝条上取下长、宽相应的接芽，为使萌芽能较早的成形，要取出木质，接芽与砧木要快速黏合，并用已备好的塑料扎条（厚度0.02mm、宽度0.5cm、长度15cm）将接芽与砧木紧紧缠绑，不能裹住接芽，不能漏缝。

③去砧木叶芽。在接芽长出之前，要及时修去砧木上多余萌芽，当新枝长出生长正常后，可将砧木上的枝叶全部剪掉，这样整棵嫁接苗就进入了正常管理。

（二）夏季嫁接

夏季嫁接是年前比较晚一些扦插的蔷薇，进入夏季后才开始嫁接的，它的管理和春季一样，只是到了夏季由于温度高，水分蒸发快，在嫁接期间，应密切注意苗子的生长情况，及时地供给水分。嫁接时，操作速度要更快，以免接芽失水，成活后要及时剪去砧木上的叶芽。

（三）秋季嫁接

秋季嫁接是用当年生的蔷薇枝条，扦插成活后到了8、9月份就能嫁接，它的生产管理方法和夏季是一样的。

（四）冬季嫁接

冬季嫁接是在温棚内进行的，用当年生的蔷薇枝条，将已休眠的种芽含木质接到已选好的蔷薇枝条上，然后插入塑料大棚内，操作步骤同露地扦插的蔷薇一样，接芽成活后，除去砧木多余的枝芽即可。

（五）田间管理

1. 初期管理

嫁接苗自移植10周内为初期管理阶段，栽后4周即可松土锄草、松土时千万不要动及苗木伤及根系，非常重要。锄地要从畦沟底自下而上，用小锄锄成"人"字形，锄地深度沟底5cm，自下而上逐步放浅至2cm收锄。锄地一定均匀细致、不能漏除。以后可根据土地情况锄地拔草、病虫害防治。浇水应掌握好土壤温度、气候、气温的变化情况，尽可能地做到节制用水、不要盲目浇水。及时摘除花蕾。

月季田间育苗

2. 中期管理

10周后到18周内为中期管理阶段。要做好中耕除草，防治病虫害，月季的常见病主要有白粉病、黑斑病，霜霉病等，防治药物有三锉铜、多菌灵、百菌清、甲级托布津，代森辛等；此阶段气温高、雨水多、湿度大，是发病的高峰期，发现病情立即控制，对症下药不能让病情蔓延。用药量一定要按照药品说明比例，不要任意加大药量，药物要自下而上喷洒均匀、以叶面上的药液不滴落为宜。害虫类主要有蚜虫、红蜘蛛、造桥虫、盲蝽蟓等。防治药物蚜甲必杀、蚜满狂杀、乐果等。注意抗旱排涝。18周后进入后期管理，苗木进入旺盛生产期，基本与中期管理相同，苗木有脱肥现象要及时追肥。

（六）起苗

18cm深平行铲起，起出后迅速沾泥浆包装根部，裸根时间不能超过5分钟，起出包装后，应立即分栽，从每畦中间拉均，沟深含虚土10cm、宽12cm，苗木株距10cm、行距60cm。栽培深度：根系应均匀培入虚土中，从分根部位以上埋土3cm。浇水，1L水浇5棵苗，浇水一定要均匀，不能让水溢出沟外。待表面没水后覆土2cm，地上部分保留苗木主杆3cm，不含新生枝，栽培结束后应提好畦沟。

（七）冲洗与包装

苗木进入休眠时起苗，要求根系长15～20cm，无劈伤、洗净泥土、药物消毒、杀菌、修剪掉枯枝，弱枝、病枝、叶子。分级打捆入库。恒温库的温度控制0～3℃，对比湿度80%～90%。

五、庭园月季养护管理技术

月季自然花期4～11月，开花连续不断。科学合理养护是月季花期控制的关键，在实际工作中要根据月季植株综合长势进行修剪。

月季芽的异质性决定了花枝抽生的时间、现蕾的时间以及开花时间。了解花芽的习性，才能准确做好花期控制。一般情况下，月季从新芽萌发到开花需要45天左右。

（一）浇水

月季花期要消耗大量的水分和体内营养，水分供应要充足。月季在33℃以上即处于半休眠状态，在平均气温20～25℃时最有利于生长，因此，夏季除适当遮阴外，还应多喷水，最好在上午和下午各喷一次水，创造湿润环境，促进花叶生长。

（二）施肥

施肥次数要多而及时。在冬季修剪后至萌芽前进行，此时操作方便，应施足有机肥料。月季开花多，需肥量大，生长季最好多次施肥，5月盛花后，要及时追肥，以促夏季开花和秋季花盛。秋末应控制施肥，以防秋梢过旺受到霜冻。春季开始展叶时新根大量生长，不能施用浓肥，以免新根受损，影响生长。在修剪中，要结合植株长势，进行科学肥水管理。当植株修剪后，新一代芽不萌发时，用0.2%尿素每5～6天叶面喷肥一次，可促进新芽萌发；如新枝现蕾比计划晚，此时用0.2%的磷酸二氢钾每5～6天叶面喷肥一次，花蕾迅速生长。5月后是月季的生长旺季，每隔10天，要施追肥1次，可用腐熟发酵的鱼腥汁、菜叶汁，以3份肥7份水的比例拌和施入，也可将豆饼、禽粪用水浸泡，经封闭发酵后掺水作追肥，使植株枝繁叶茂，打破月季夏季休眠状态。到11月时便停止施肥。如能按上述要求做的话，就可使月季的鲜花每月欣然绽放。

（三）修剪

修剪是月季花栽培中最重要的工作，主要在冬季，但冬剪不宜过早，否则引起萌发，易遭受冻害。剪枝程度根据所需树形而定，低秆的在离地30～40cm处重剪，留3～5个健壮分枝，其余全部除去。高秆的适当轻剪。树冠内部侧枝需疏剪。病虫枯枝全部剪去。较大的植株移栽时要重剪。花后及时剪去花梗。嫁接苗的砧木萌蘖也应及时除去，直立性强的月季，可剪成单干树状。月季开花后应在花下第3片复叶以下剪掉，以促发壮实新枝，及早现蕾开花。弱短枝先剪、高剪、健壮枝后剪、短剪，以促弱抑强，促其开花整齐。长枝条修剪长度不宜超过1/2，避免腋芽萌发迟缓。此外，每茬留花不宜过多，留花过多，养分过于分散，花小且影响下茬花。如要花朵开得大，也可在花蕾多时摘去一部分，既可使营养集中，又能达到延长花期和分批开放的目的。

庭院月季

（四）主要病害及防治措施

1. 真菌感染

黑斑病：夏季易生黑斑病和白粉病，因过于潮湿闷热所引起，主要侵害叶片、叶柄和嫩梢，叶片初发病时，正面出现紫褐色至褐色小点，扩大后多为圆形或不定型的黑褐色病斑。轻度的可摘去部分病叶；严重的可隔10天左右喷洒多菌灵、甲基托布津、达可宁等2～3次防治。

白粉病：该病主要危害嫩梢、幼叶和花。染病部位出现白色粉状物是这一病害的主要症状。初期叶片上产生退绿黄斑，以后叶背面出现白斑，并逐渐扩大成不规则状。严重时白斑相互连接成片，嫩梢卷曲，皱缩。花蕾表面布满白粉，花朵畸形。叶柄及皮刺上白粉层较厚，很难剥离，引起植株落叶，花蕾枯僵而不能开放。发病期喷施多菌灵、三唑酮即可，但以国光英纳效果最佳。

叶枯病：多数叶尖或叶缘侵入，初为黄色小点，以后迅速向内扩展为不规则形大斑，严重受害的全叶枯达三分之二，病部褪绿黄化，褐色干枯脱落。防治以上病害除加强肥水管理外，冬天应剪掉病枝病叶，清除地下落叶，减少初侵来源，发病时应采取综合防治，并喷洒多菌灵、甲基托布津等杀菌药剂。

病害主要以预防为主，在高温、高湿或阴雨季节定期喷施杀菌药物，在苗木进入休眠阶段喷施石硫合剂进行全面杀菌，保证苗木健壮生长，苗木长势强健，本身就抵御了一定的病害侵入。

2. 虫害防治

刺蛾：主要为黄刺蛾、褐边绿刺蛾、丽褐刺蛾、桑褐刺蛾、扁刺蛾的幼虫，于高温季节大量啃食叶片。防治方法：一旦发现，应立即用90%的敌百虫（美曲膦酯）晶体800倍液喷杀，或用2.5%的杀灭菊酯乳油1500倍液喷杀。

介壳虫：主要有白轮蚧、日本龟蜡蚧、红蜡蚧、褐软蜡蚧、吹绵蚧、糠片盾蚧、蛇眼蚧等，其危害特点是刺吸月季嫩茎、幼叶的汁液，导致植株生长不良。主要是高温高湿、通风不良、光线欠佳所诱发。防治方法：可于其若虫孵化盛期，用25%的扑虱灵可湿性粉剂2000倍液喷杀。

蚜虫：主要为月季管蚜、桃蚜等，它们刺吸植株幼嫩器官的汁液，危害嫩茎、幼叶、花蕾等，严重影响到植株的生长和开花。

防治方法：及时用10%的吡虫啉可湿性能粉剂2000倍液喷杀；轻度的可用烟蒂浸水或敌百虫加水稀释后喷之，半天内即可将虫消灭。

（赵磊　许春锋）

根艺树状月季

六、一种根艺树状月季的培育方法

（一）技术领域

本发明属于树状月季的栽培方法，具体涉及一种根艺树状月季的培育方法，2021年获得中华人民共和国知识产权局实用新型专利—CN110521475B。

（二）背景技术

树状月季又称月季（玫瑰）树，它是通过两次以上嫁接手段达到标准的直立树干、树冠。优点：观赏效果好形状独特、高贵典雅、层次分明，在视觉效果上令人耳目一新；造型多样，有圆球形、扇形、瀑布形、微型等；既保留了一般月季的花香浓、花期长、花色多样等优点，又表现得更新颖、更高贵、更热烈，因此具有更高的审美价值。

习性：适应性强。树状月季的花冠比一般花卉离地面远，不容易感染土壤病虫害；树干取材于蔷薇，根系发达、生命力强，特别是适应性强，种植普通月季困难，树状月季填补其空白。

其具体方法为：①砧木培育选取多年生的蔷薇属植物植株为母株，采用冬插法获得扦插苗.并培育一年：第3年春天，当粗壮枝长至15cm时，选留4或6个粗壮枝，其余全部剪去：当选留的粗壮枝长至50cm时，设立支架，同时要及时去除萌蘖，并及时绑扶；于第3年9月进行编干；②嫁接：接穗选取地被月季，采用芽接法嫁接；③接后管理的措施。本发明的有益效果是所培育的编干型树状月季具有抗风能力强、不需要支撑、抗寒能力强、树冠和主干比例协调、自然美观。

现有树状月季，有采用山区挖的野生蔷薇进行嫁接，资源有限，不可持续发展，且破坏生态资源。国内多采用自育蔷薇长条，嫁接月季，冠大杆细，支撑力弱，生长速度慢，抗风抗倒能力差，寿命比实生苗繁育的材料短。蔷薇长条的柔性有限，编干的可塑性差，整个生长期萌蘖不断增加人工投入。

（三）具体实施方式

该根艺树状月季的培育方法，按下述步骤培育。

1. 引导槽整理

大田按行间距开挖出15～20cm宽，深20～25cm的引导槽，所述引导槽为长的"U"形槽。剪裁出长80～150cm，宽60cm的长方形塑料布，沿长度方向把塑料布铺设在"U"形槽的底部和两侧壁上，其中，"U"形槽长度方向的一端的侧壁上也铺设有所述塑料布，从而在"U"形槽的底部、两侧和长度方向的一端形成一个隔离层。把营养土填放到"U"形槽内，并与大田地面平齐。

2. 蔷薇苗培育

在"U"形槽端部具有塑料布的一端，播种或种植蔷薇实生苗或其他苗木。

（四）蔷薇根系管理

蔷薇实生苗的根系在"U"形槽内沿着长度方向生长，生长1年左右，在主根生长长度超出"U"形槽的长度时，须根向下扎入大田土壤，吸收大田养分；在生长的过程中，将蔷薇实生苗和

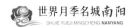
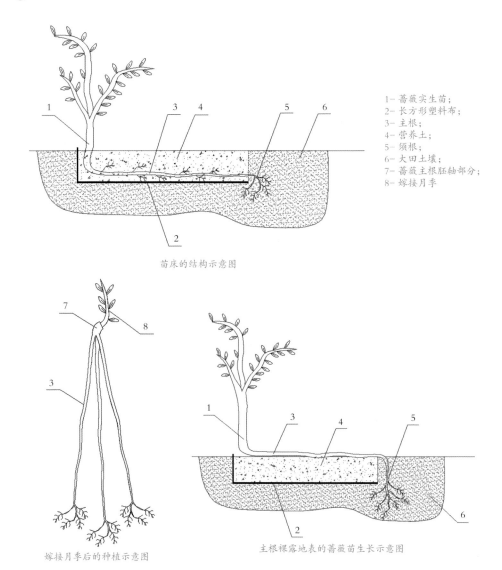

1－蔷薇实生苗；
2－长方形塑料布；
3－主根；
4－营养土；
5－须根；
6－大田土壤；
7－蔷薇主根胚轴部分；
8－嫁接月季

苗床的结构示意图

嫁接月季后的种植示意图

主根裸露地表的蔷薇苗生长示意图

主根段拉出地面，保留3～5个长度、直径相对接近的主根，其他主根、须根剪除，修去过多的毛细根；修剪后的主根贴伏在地面，加速在地面上的主根木质化程度，让其继续生长，不需要支撑，节省支撑材料；剪下的主根作为嫁接月季的材料，不易生长萌蘖。

（五）蔷薇根的造型

蔷薇主根胚轴部分直径达3cm以上进行移栽，将各个主根均匀分布在种植平面上，形成多点支撑，达到稳定的支撑力，形成由多个长度粗度接近主根的蔷薇。

（六）嫁接月季

待蔷薇实生苗的胚轴部位长到3～5cm，自身支撑力达到一定程度时，在胚轴部位嫁接月季或者在丰满的蔷薇冠上嫁接月季。

采用上述技术方案的有益效果：该根艺树状月季的培育方法是采用特定引导结构种植，对蔷薇实生苗的根系进行定向引导培育和修剪。实生苗的根的优点是前期可塑好，木质化后坚韧性强，不萌发蘖芽，寿命长，这是枝干法无法相比的。该种植结构是在大田开挖出的15cm宽，深20cm的"U"形槽，在其底部、两侧和长度方向的一端铺设塑料布，塑料布的作用是形成一个隔离层，把营养土填放到"U"形槽内，并与大田地面平齐。蔷薇实生苗在该"U"形槽种植结构的一端种植后，其根部被约束在"U"形槽内，只能沿长度方向生长，从而可培育出造型所需要的多个长根。当根系在"U"形槽内生长的过程中，其整个根系距离地面一致，方便将苗和主根部分拉出地面，须根部分（根的末端）保留在土壤中，此时可以根据要求剪除多余的须根和主根，保留3～5根长度和直径相对接近的根，保留下来的根将作为树状月季的主干，修剪后的根无需再埋入营养土中，使其贴伏在地面继续生长，裸露在外边的根能够加速其木质化，形成一定的支撑强度，还能保持较好的柔性，为后续作为支撑提供条件。此修剪方法简单方便，不会出现因修剪造成生长停滞现象。"U"形槽的上部为敞口结构，方便浇水、施肥、除草等大田管理，蔷薇苗的根系是水平横向沿"U"形槽生长，离地表距离一致，方便对根系的修剪和观察处理。本发明是种植在大田中，土地资源不受限制，无需传统的苗床种植，解决了苗床土地受限的问题，田间管理也方便。

本发明的根艺树状月季，由多个主根形成月季树的支撑，替代枝条繁育树干，多点支撑，能够形成稳定的支撑结构，支撑效果好，抗倒伏，待根艺树状月季长到2～3年以上。主根也会生长粗壮，主根与主根的间隙会逐渐缩小，也可能长到一起成为连理根，造型美观，提高观赏价值。多个主根方便造型，各主根可以进行人工编织、调整根的分布位置，自然生长形状，支撑稳定，造型新颖独特。主根为实生根，活性好，抗疫性强，坚韧度高，生命力强，寿命长，移栽成活率高。多个主根，根系发达，吸收养分充足，上部嫁接的月季树冠成型快，花开多。经多年观察试验，在正常管理条件下，蔷薇枝条年年生长的长度超过1m，其根的长度可达1.5m以上，为根艺树状月季的培育提供了基础。在发明嫁接在胚轴位置，剪去容易发不定芽的胚轴上部，减少对不定芽的修剪，降低劳动强度，减少养分散失，有利于嫁接的月季快速生长。

（刘玉）

七、用于制作月季盆景的蔷薇根培育苗床专利技术

（一）技术领域

本实用新型技术涉及月季盆景制作领域中的蔷薇根培育苗床。于2018年获得中华人民共和国知识产权局实用新型专利—CN 207443655 U。

（二）背景技术

盆景是中国传统文化艺术，被誉为"立体的画，无声的诗"，是园艺栽培领域的主要组成部分。盆景培育周期长，素材资源要求高，必须具备曲扎、奇特、生命力强、可塑性好的特点。蔷薇根满足作为盆景素材的所有要求，在蔷薇根上嫁接月季花，达到了月月有花，曲扎奇特的效果，而其他盆景无法达成这个效果。

传统月季盆景多采用从野外、山区采挖回的蔷薇进行嫁接，而种活、养桩形式的嫁接组至少需3年以上才能培养成功。这方法不仅培育时间长、成活率低，而且对脆弱的生态环境造成一定的破

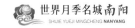

坏；同时，这种方法对嫁接处没有进行形状处理，嫁接后的美感不足。传统露根盆景，需要不断地冲刷表层土、逐年换盆、套盆等措施才能达成效果，周期时间长、操作起来比较麻烦。因此如何发明出一种自育盆景素材，来解决上述问题，已成为有志之士的共识，也是盆景艺术发扬光大，可持续发展的必由之路。

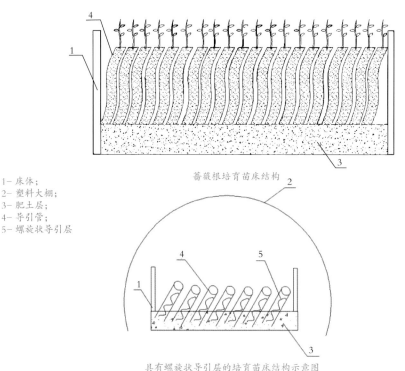

薔薇根培育苗床结构

1- 床体；
2- 塑料大棚；
3- 肥土层；
4- 导引管；
5- 螺旋状导引层

具有螺旋状导引层的培育苗床结构示意图

（三）制备流程

1. 建造苗床

按长度20~30m，宽度2m左右，深度0.6m建好塑料大棚，在苗床底部施有机肥或复合肥，从而形成0~15cm的肥土层，同时用500~800倍高锰酸钾对塑料大棚消毒杀菌。

2. 制作育苗土

按河沙2份、园土1份的比例混合均匀，用50%的辛硫磷乳油100倍杀虫，用500倍高锰酸钾杀菌。经过筛分去杂后，得到育苗土。这样苗土培育的薔薇根成活率更高。育苗土也可以采用本领域技术人员惯用的制备花卉或盆景植物的育苗土。

3. 导引管制作

用直径为8~10cm的圆柱状塑料筒子剪成长度10~80cm导引管，然后把培育好的育苗土装入导引管内，筒子的底部一定装实。装好育苗土的塑料筒子膜已成一个无底的不规则的直径8~10cm圆筒形，为敞口无底结构。导引管内设有螺旋状导引层，以便于培育出形状奇特的薔薇根，从而增加盆景美观。引管内部放置一些较大的石块，当根系长成时，根系对石块形成包裹，从而形成根抱石的盆景。

4. 苗床、导引管组装

把装好育苗土的圆筒形导引管斜放在苗床的肥土层上，保证导引管与苗床底平面形成30°的夹角，其上口比床体上口低0~15cm，便于浇水，下口与肥土层结合形成通透结构，使导引管内的土与苗床肥土结合一起；在导引管的育苗土上种上蔷薇苗或经过催芽的蔷薇种子，也可直接扦插10~15cm的蔷薇枝条，到此这种为制作月季盆景而生产蔷薇根的苗床已建成。本实用新型苗床也可用于培育其他盆景植物。

这种苗床具备优势为：导引管内育苗土通透性好，有利蔷薇根部快速穿透通过苗床底部肥土层，为蔷薇根提供充足的水肥，为培育苗根打下良好基础。导引管装满土后，是柔软的圆柱筒，还可以将弯曲柔软的圆柱筒放入苗床底部。苗根会在导引管的限制引导下形成不规则自然弯曲，为嫁接月季制作盆景增加更多美感。同时在导引管内时蔷薇产生的根不多，只会有3~5根，等到穿入苗床底部时才会生产更多须根，这样导引管内的蔷薇根长粗的速度加快，从而大大缩短了培育周期。

传统在大田生长两年蔷薇的根粗度才能达到3cm以上，而采用本实用新型技术，1个月左右蔷薇已生根发芽，进入管理期注意控温、控湿、杀虫、杀菌确保蔷薇快速生长，再经过1个月蔷薇根会沿着塑料筒子膜向下扎入大棚的肥土层内，生产速度会更快，经过一年培育，蔷薇根的粗度能达到直径2cm，就可以批量批次嫁接中、小、微型月季盆景。

（刘玉）

南阳月季获奖及科研成果

一、参展获奖

时间	名称	奖项	获奖单位	颁奖单位
2005年4月	'夏令营'	新品种奖银奖	南阳月季基地	首届中国月季展览会组委会
	'哈德福俊'			
	'希望'	栽培技术奖金奖		
	'希腊之乡'			
	'兰彼得'	栽培技术奖银奖		
	'粉扇'			
	'百老汇'	栽培技术奖铜奖		
	'亚里克红'			
	'金枝玉叶'			
	'香云'	品种奖金奖		
	'百老汇'	品种奖银奖		
	'荣光'			
	'奇异玫瑰'			
	'希腊之乡'	品种奖铜奖		
	'热腊'			
	'古城南阳'	室外景点奖金奖		
	'皇家巴西诺'	新品种奖金奖	南阳市卧龙区成教月季繁育基地	
	'橘红女王'	品种奖银奖		
	'仙境'	品种奖铜奖		
2005年10月	'寒地玫瑰'	花卉展品盆栽类二等奖	南阳月季基地	第六届中国花卉博览会组委会 中国花卉协会
	'矮仙女'	花卉展品盆栽类三等奖		
	'阿班斯'			
	'哈德福俊'			
	'莫海姆'			
	'粉扇'			
	'金玛莉'	花卉展品盆栽类三等奖		
	'欢笑'			
	'花房'			
	'绯扇'			

（续）

时间	名称	奖项	获奖单位	颁奖单位
2005年10月	'绯扇' '粉扇' '新品种' '朱墨双辉' '彩云藤本' '金绣娃' '光谱'	花卉展品盆栽类优秀奖	南阳月季基地	第六届中国花卉博览会组委会 中国花卉协会
2006年5月	'光谱'	花卉展品盆栽类银奖	南阳市卧龙区成教月季繁育基地	第二届中国月季展览会组委会 中国花卉协会 中国花卉协会月季分会
2008年5月	'粉扇' '橙柯斯特'	新品种奖金奖	南阳月季基地	第三届中国月季展览会组委会 中国花卉协会月季分会
	'金凤凰' '和谐'	新品种银奖		
	悬崖式造型月季	盆栽金奖		
	小花树状月季	盆栽银奖		
	小花树状月季	盆栽银奖	南阳市卧龙区成教月季繁育基地	
2009年5月	树状地被月季	2009年北京月季文化节月季展盆栽月季评比金奖	南阳月季基地	北京市园林绿化局 北京市公园管理中心 北京市顺义区人民政府 北京插花艺术研究会 北京花卉协会 中国花卉协会月季分会
	古桩月季	2009年北京月季文化节月季展盆栽月季评比银奖		
	'金凤凰' '粉扇' '夏令营' '粉柯斯特'	2009年北京月季文化节月季展月季自育品种评比金奖		
	'月季王'	2009北京月季文化节月季展月季王特别奖		
2009年10月	'金徽章'	盆栽植物类银奖（北京展区）		第七届中国花卉博览会组委会 中国花卉协会
2009年10月	'金凤凰' '寒地玫瑰' '绯扇' 树状月季'绯扇' '电子表'	盆栽植物类银奖（北京展区）	南阳月季基地	第七届中国花卉博览会组委会 中国花卉协会
	树状月季'绯扇'（6cm） '光谱'	盆栽植物类铜奖（北京展区）		
	'俄州黄金' '黄和平' 古桩月季'粉扇'	盆栽植物类优秀奖（北京展区）		
	树状月季'粉扇'	观赏苗木类银奖（山东展区）		

（续）

时间	名称	奖项	获奖单位	颁奖单位
2009年10月	'绯扇' '粉扇' '摩纳哥公主'	盆栽植物类铜奖（山东展区）	南阳月季基地	第七届中国花卉博览会组委会 中国花卉协会
2009年10月	树状月季'绯扇（6cm）'	盆栽植物类铜奖（山东展区）	南阳月季基地	第七届中国花卉博览会组委会 中国花卉协会
2010年4月	'绯扇'	盆栽月季精品展金奖	南阳月季基地	第四届中国月季花展暨2010年世界月季联合会区域性大会
	'希望'			
	'橘红火焰'	盆栽月季精品展银奖		
	'长虹'			
	'梅郎随想曲'			
	'金奖章'			
	'白葡萄酒'	盆栽月季精品展铜奖		
	'希望'	月季新品种展金奖		
	'粉扇'			
	'节日礼花'	月季新品种展银奖		
	'长虹'	月季新品种展铜奖		
2011年6月	树状月季	特别展示奖	南阳月季基地	西安世界园艺博览会
	古桩月季	特别展示奖		
	月季精品	特别展示奖		
2012年12月	月季布展	最佳组织奖、造景艺术银奖	南阳市卧龙区成教月季繁育基地	第五届月季花展
	盆栽月季	精品铜奖		
	插花艺术	铜奖、优秀奖		
2013年4月	月季	全国精品月季银奖	南阳月季（集团）公司	中国花卉协会 南阳月季文化节组委会
	盆栽月季	银奖		
	'花中皇后'	全国精品月季皇后奖	南阳月季基地	
	月季	全国精品月季金奖		
		'富贵吉祥'	南阳月季基地	
2013年10月	'南阳之春'	展品类（盆栽植物）金奖	南阳月季基地	第八届中国花卉博览会组委会 中国花卉协会
	'寒地玫瑰'			
	'绯扇'	展品类（盆栽植物）银奖		
	'粉扇'			
	'粉扇'			
	'绯扇'＋'粉扇'			
	'金凤凰'			
	'热腊'	展品类（盆栽植物）铜奖		
	'和谐'			
	'光谱'			
	'金奖章'			
	'粉扇'	铜奖	南阳月季基地 南阳市林科所	
	'东方之子'	优秀奖		

（续）

时间	名称	奖项	获奖单位	颁奖单位
2014年4月	插花花艺	布展展示效果金奖	南阳市卧龙区成教月季繁育基地	河南省第三届"中原杯"插花花艺大赛河南省花卉协会
2014年5月	盆栽月季精品展 室外月季布景展	特别金奖	南阳市花卉协会	中国花卉协会月季分会 第六届中国月季花展组委会
	'寒地玫瑰'	月季新品种奖金奖	南阳市花卉协会 南阳月季基地	
	'和谐'	月季新品种银奖		
	'夏令营'	月季新品种银奖		
	盆栽月季	精品展金奖	南阳市卧龙区成教月季繁育基地	
	盆栽月季	银奖		
	'和谐'	月季新品种银奖		
2015年4月	'哈雷彗星'	盆栽月季金奖	南阳月季基地	中国（南阳）月季展组委会
	'东方红'	盆景展特等奖		
	'小女孩'	盆景展金奖		
	'阿班斯'	盆景展银奖		
	'粉扇'	月季新品种奖金奖		
	'粉达'			
	'宏达'	月季新品种银奖		
	'亚克力红'	盆栽月季银奖	南阳市卧龙区成教月季繁育基地	
	'俄州黄金'		皇路店满园春月季种植农民专业合作社	
	'希腊之乡'		南召县苗圃	
	'粉扇'		南阳豫花园实业有限公司	
	'青春旋律'	盆景展特等奖	南阳森美月季种植专业合作社	中国（南阳）月季展组委会
	'哈德夫俊'	盆景展银奖		
	'古桩月季'		南阳金鹏月季	
2018年4月	'皇家石英'	盆栽月季金奖	南阳月季苗圃	第九届南阳月季花会组委会
	'奥斯汀'	盆栽月季金奖	南阳金鹏月季有限公司	
	'红钻石'	盆栽月季银奖（4件）	南阳联农月季种苗有限公司	
	'藤彩虹'	盆栽月季铜奖（6件）	南阳茹氏月季盆栽种植专业合作社	
	'花瓶'	盆栽月季金奖	辛庭柱	
	'盛世花开'	盆栽月季金奖	南阳金科苗木合作社	
2018年9月	'和谐'	盆栽月季金奖	南阳市富民月季基地	第八届中国月季展组委会

时间	名称及奖项	获奖单位	颁奖单位
2016年5月	最佳贡献奖	南阳市卧龙区成教月季繁育基地	中国花卉协会月季分会第七届中国月季展组委会大兴区世界月季洲际大会执委会办公室
		南阳市天丰花木有限公司	
	最佳组织奖	南阳市花卉协会	
	编干树月季金奖'哈德夫俊'	南阳市花卉协会	
	室内精品月季盆栽展银奖	南阳市卧龙区石桥月季合作社	
	室内精品月季盆栽展铜奖	南阳市花卉协会	
		南阳月季基地	
		南阳市花卉协会	
		南阳月季基地	
	室内精品树状月季金奖	南阳市花卉协会	
	室内精品树状月季银奖	南阳森美月季种植专业合作社	
	室内精品树状月季铜奖	南阳富民月季基地	
	室内精品月季盆景银奖'花瀑'	南阳森美月季种植专业合作社	
	室内造景展 特等奖	南阳市花卉协会	
2019年4月	月季专类展特等奖	南阳月季基地	南阳"2019世界月季洲际大会暨第九届中国月季展"组委会
		南阳任氏月季有限公司	
		南阳市林业科学研究院	
	月季专类展金奖	镇平县林业局（3个）	
		方城县林业局	
		西峡县林业局	
		内乡县林业局	
		新野县林业局	
		南阳信合月季繁育基地（2个）	
		南阳宛北月季合作社	
		南阳月季集团有限公司（2个）	
		南阳众月农业开发有限公司（2个）	
		南阳金科苗木种植专业合作社（3个）	
		南阳富民月季基地	
		南阳德发生态农业开发有限公司	
		南阳花海月季有限公司（2个）	
		南阳月季基地（2个）	
	月季专类展金奖	南阳梦美农业开发有限公司	
		南阳市卧龙区月季繁育场（3个）	
		南阳艺峰月季	
		南阳市卧龙区月季苗圃（2个）	
		南阳熊彪月季繁育基地	
		南阳宏远月季有限公司	
		南阳佳音月季基地（2个）	
	月季专类展金奖	南阳市林业科学研究院（2个）	
		南阳市林技站（2个）	
		南阳森美月季种植专业合作社（2个）	
	月季专类展银奖	桐柏县林业局	
		南召县林业局	
		唐河县林业局	

（续）

时间	名称及奖项	获奖单位	颁奖单位
2019年4月	月季专类展银奖	方城县林业局	南阳"2019世界月季洲际大会暨第九届中国月季展"组委会
		社旗县林业局	
		西峡县林业局	
		内乡县林业局	
		新野县林业局	
		邓州市林业局	
		南阳信合月季繁育基地	
		南阳汇茗月季专业合作社	
		南阳宛北月季合作社	
		南阳河韵苗木有限公司	
		南阳市月季集团有限公司（2个）	
		南阳地鑫月季开发有限公司	
		南阳王氏花卉种植专业合作社	
		南阳石桥月季合作社	
		南阳淯水龙源玫瑰花业有限公司	
		南阳月季基地	
		南阳任氏月季有限公司	
		南阳豫宛月季园	
		南阳嘉农农业科技开发有限公司	
		南阳金源月季合作社	
		南阳梦美农业开发有限公司	
		南阳市卧龙区月季繁育场（2个）	
		南阳艺峰月季（2个）	
		南阳市赵氏月季城	
		南阳友谊盆景	
		南阳联农月季发展有限公司	
		南阳国强月季研究基地（2个）	
		南阳新宛月季盆景合作社	
		南阳天茂月季盆景合作社（2个）	
		南阳方盛月季盆景（2个）	
		南阳东方苗木花卉种植有限公司	
		南阳市林业科学研究院（2个）	
		南阳市林技站	
	月季专类展铜奖	南阳森美月季种植专业合作社（2个）	
		桐柏县林业局	
		南召县林业局	
		唐河县林业局（2个）	
		镇平县林业局（2个）	
		方城县林业局	
		社旗县林业局（3个）	
		西峡县林业局	
		内乡县林业局（3个）	
		新野县林业局（2个）	

（续）

时间	名称及奖项	获奖单位	颁奖单位
2019年4月	月季专类展铜奖	邓州市林业局	南阳"2019世界月季洲际大会暨第九届中国月季展"组委会
		南阳信合月季繁育基地	
		南阳汇茗月季专业合作社	
		南阳宛北月季合作社	
		南阳河韵苗木有限公司	
		南阳月季集团有限公司（5个）	
		南阳地鑫月季开发有限公司	
		南阳玺园园林有限公司（3个）	
		南阳王氏花卉种植专业合作社（2个）	
		南阳市卧龙区成教月季繁育基地（2个）	
		南阳石桥月季合作社（3个）	
		南阳淯水龙源玫瑰花业有限公司	
		南阳富民月季基地（2个）	
		南阳德发生态农业开发有限公司（2个）	
		南阳花海月季有限公司	
		南阳天润月季有限公司	
		南阳月季基地	
		南阳任氏月季有限公司	
		南阳豫宛月季园	
		南阳嘉农农业科技开发有限公司	
		南阳金源月季合作社	
		南阳梦美农业开发有限公司	
		南阳崔峰树桩月季园	
		南阳市卧龙区月季繁育场	
		南阳金鹏月季有限公司（2个）	
		南阳艺峰月季（2个）	
		南阳市卧龙区苗圃	
		南阳泰瑞金花月季	
		南阳赵氏月季城	
		南阳友谊盆景	
		南阳熊彪月季繁育基地	
		南阳联农月季发展有限公司	
		南阳国强月季研究基地	
		南阳宏远月季有限公司	
		南阳佳音月季基地	
		南阳新宛月季盆景合作社	
		南阳天茂月季盆景合作社	
		南阳方盛月季盆景（2个）	
		南阳东方苗木花卉种植有限公司	
		南阳市林业科学研究院（3个）	
		南阳市林技站（2个）	
		南阳森美月季种植专业合作社	

（续）

时间	名称及奖项	获奖单位	颁奖单位
2019年4月	盆栽月季'和平鸽'特等奖 盆栽月季'和谐'金奖 盆栽月季'小女孩'银奖 盆花展品根艺月季'甜梦'获银奖 根艺月季'哈德福俊'铜奖 '婀娜多姿'盆景金奖 '和谐'盆栽月季铜奖	南阳森美月季种植专业合作社	2019年中国北京世界园艺博览会
2020年9月	树状月季金奖	南阳金科苗木种植专业合作社 南阳月季基地 南阳市卧龙区月季繁育场 南阳市林业科学研究院 南阳世源月季有限公司	第十届中国月季展组委会
	树状月季银奖	南阳森美月季种植专业合作社 南阳月季（集团）公司 南阳世源月季有限公司 南阳汉月农业科技有限公司	
	树状月季银奖	南阳合顺月季种植专业合作社	
	树状月季铜奖	南阳森美月季种植专业合作社 南阳月季（集团）公司 南阳月季基地 南阳市宛北月季合作社 南阳市卧龙区金鹏月季有限公司	
	盆栽月季金奖	南阳月季（集团）公司 南阳花海月季有限公司 南阳月季基地（2个） 南阳市林业科学研究院 南阳世源月季有限公司 南阳市卧龙区成教月季繁育基地	
	盆栽月季银奖	南阳森美月季种植专业合作社 南阳月季（集团）公司 南阳市宛北月季合作社 南阳月季基地（3个） 南阳世源月季有限公司（2个） 南阳月季研究院 南阳市卧龙区成教月季繁育基地	
	盆栽月季铜奖	南阳世源月季有限公司 南阳成教月季繁育基地 南阳金鹏月季有限公司	
	盆景金奖	南阳市宛北月季合作社（2个） 南阳世源月季有限公司	
	盆景银奖	南阳金科苗木种植专业合作社	
	盆景银奖	南阳市花卉协会 南阳合顺月季种植专业合作社	

（续）

时间	名称及奖项	获奖单位	颁奖单位
2020年9月	盆景铜奖	南阳蒲山镇金科苗木种植专业合作社	第十届中国月季展组委会
		南阳花海月季有限公司	
		南阳市花卉协会	
	造型月季金奖	南阳金鹏月季有限公司（2个）	
		南阳宛北月季合作社（2个）	
		南阳金科苗木种植专业合作社	
	造型月季铜奖	南阳汉月农业科技有限公司	
		南阳市卧龙区成教月季繁育基地	

时间	名称	奖项	获奖单位	颁奖单位
2021年4月	'瑞典女王'	盆栽月季金奖	南阳市花卉协会	第十一届中国月季展览会组委会
	'草莓冻糕'		南阳市花卉协会	
	'苏菲的玫瑰'		南阳市林业科学研究院	
	'满天星'		南阳市月季研究院	
	'草莓冻糕'		南阳市月季研究院	
	'荣光'		南阳月季基地	
	'白佳人'		南阳月季苗圃	
	'报刊杂志'		南阳月季苗圃	
	'黑巴克'		南阳佳音月季	
	'吉祥'		南阳宏远月季有限公司	
	'维纳斯金'		镇平合众月季有限公司	
	'白羊座'		镇平合众月季有限公司	
	'阿琳卡'		镇平合众月季有限公司	
	'火和平'		南阳世源月季	
	'小女孩'		南阳世源月季	
	'哈雷彗星'	盆栽月季银奖	南阳市花卉协会	
	'欧迪乐'		南阳市林业科学研究院	
	'说愁'		南阳市林业科学研究院	
	'火热巧克力'		南阳市月季研究院	
	'夏日绒球'		南阳富民月季基地	
	'果汁阳台'		南阳月季基地	
	'梅郎随想曲'		南阳月季基地	
	'流星雨'		南阳月季基地	
	'绝代佳人'		南阳月季苗圃	
	'卡特尔'		南阳赵氏月季城	
	'聚光灯'		镇平合众月季有限公司	
	'马焦雷'		镇平合众月季有限公司	
	'彩云'		南阳世源月季	
	'天河繁星'	盆栽月季铜奖	南阳市花卉协会	
	'爱'		南阳市花卉协会	
	'蓝色阴雨'		南阳市林业科学研究院	
	'夏日绒球'		南阳市蒲山镇金科苗木有限公司	

时间	名称	奖项	获奖单位	颁奖单位
	'果汁阳台'		南阳富民月季基地	
	'安吉拉'		南阳花海月季公司	
	'玫瑰'		南阳艺峰月季	
	'粉和平'		南阳艺峰月季	
	'伊芙伯爵'		南阳佳音月季	
	'莱茵黄金'	盆栽月季铜奖	南阳宏远月季有限公司	
	'艾弗的玫瑰'		南召锦天园林	
	'朱丽叶'		镇平合众月季有限公司	
	'皮亚格特'		镇平合众月季有限公司	
	'舞女'		南阳世源月季有限公司	
	'金牌'			第十一届中国月季展览会组委会
	'小女孩'		南阳市月季研究院	
	'和谐'		南阳市森防站	
	'阿班斯'		南阳众佳月季园	
	'小女孩'		南阳金科苗木有限公司	
	'和谐'	盆景月季金奖	南阳金源月季合作社	
	'躲躲藏藏'		南阳汉月农业科技有限公司	
	'寒地玫瑰'		南阳天茂月季种植合作社	
	'微彩虹'		南阳新宛月季盆景种植合作社	
	'绯扇'		南阳新宛月季盆景种植合作社	
2021年4月	'哈德夫俊'		南阳月季（集团）公司	
	'和谐'		南阳月季（集团）公司	
	'和谐'	盆景月季银奖	南阳月季基地	
	'比基尼'		南阳汉月农业科技有限公司	
	'神奇'		南阳新宛月季盆景种植合作社	
	'和谐'		南阳市花卉协会	
	'和谐'		南阳市林业科学研究院	
	'小女孩'		南阳市森防站	
	'艾弗的玫瑰'		南阳众佳月季园	
	'金凤凰'		南阳月季基地	
	'粉扇'	盆景月季铜奖	南阳月季基地	第十二届南阳月季花会组委会
	'小女孩'		南阳泰瑞金花月季	
	'躲躲藏藏'		南阳天茂月季种植合作社	
	'小女孩'+'寒地玫瑰'		南阳新宛月季盆景种植合作社	
	'艾弗的玫瑰'		南阳芳盛月季盆景种植合作社	
	'烟花波浪'		南阳芳盛月季盆景种植合作社	
	'微彩虹'		南阳月季基地	
	'小女孩'	造型月季金奖	南阳崔峰月季	
	'小女孩'		南阳合顺月季种植专业合作社	
	'和谐'		南阳金鹏月季有限公司	
	'粉龙'	造型月季银奖		
	'和谐'		南阳世源月季	
	'红茶'	树状月季金奖	南阳市森防站	

（续）

时间	名称	奖项	获奖单位	颁奖单位
	'欧月'	树状月季金奖	南阳月季繁育场	
	'海神王'	树状月季银奖	南阳月季繁育场	
	'金凤凰'		南阳市花卉协会	
	'微彩虹'	树状月季铜奖	南阳市林业科学研究院	
	'绯扇'+'粉扇'		南阳月季基地	
	'蓝色风暴'		南阳汉月农业科技有限责任公司	
	'流星雨'	盆栽月季特等奖	南阳月季基地	
	'可爱多'		南阳宛北月季合作社	
	'万众瞩目'		镇平合众月季有限公司	
	'金枝玉叶'	盆栽月季特等奖	南阳宏远月季有限公司	
	'绿星'		南阳常春月季苗木繁育基地	
	'和谐'		南阳市花卉协会	
	'瑞典女王'		南阳市林业科学研究院	
	'芒果浪漫'		南阳市月季研究院	
	'百老汇'	盆栽月季金奖	南阳月季基地	
	'希腊之乡'		南阳月季基地	
	'红柯斯特'		南阳浩盛苗木种植基地	
	'绿星'		南阳宛北月季合作社	
	'躲躲藏藏'		南阳玺园园林有限公司	
2021年4月	'金奖章'		南召锦天园林绿化股份有限公司	第十二届南阳月季花会组委会
	'乐园'		南阳月季苗圃	
	'火龙果'		南阳泰瑞金华月季	
	'绿野'		南阳国强月季研究基地	
	'梅郎随想曲'		南阳熊彪月季繁育基地	
	'纽曼姐妹'	盆栽月季金奖	南阳金鹏月季有限公司	
	'黑巴克'		南阳佳音月季	
	'花海'		南阳花海月季	
	'果汁阳台'	盆栽月季金奖	南阳蒲山镇常春月季苗木繁育基地	
	'榴花秋舞'		南阳蒲山镇常春月季苗木繁育基地	
	'金丝雀'		南阳市林业科学研究院	
	'亚力克红'	盆栽月季银奖	南阳月季基地	
	'红玛瑙'		南阳月季基地	
	'小女孩'		南阳浩盛苗木种植基地	
	'榴花秋舞'		南阳宛北月季合作社	
	'雪光'		南阳众月农业开发有限公司	
	'甜梦'		南阳新宛月季盆景种植合作社	
	'红宝石兵'		南阳芳盛月季盆景种植合作社	
	'珊瑚果冻'		镇平合众月季有限公司	
	'杰乔伊'		镇平合众月季有限公司	
	'海蒂克鲁姆'		镇平合众月季有限公司	
	'荣光'		南阳月季苗圃	
	'白柯斯特'		南阳泰瑞金华月季	
	'希望'		南阳泰瑞金华月季	
	'金丝雀'		南阳国强月季研究基地	

（续）

时间	名称	奖项	获奖单位	颁奖单位
2021年4月	'万花筒'	盆栽月季银奖	南阳艺峰月季	第十二届南阳月季花会组委会
	'香欢喜'		南阳艺峰月季	
	'粉奥运'		南阳熊彪月季繁育基地	
	'寒地玫瑰'		南阳熊彪月季繁育基地	
	'蓝色狂想曲'		南阳宏远月季	
	'香云'		南阳宏远月季	
	'粉奥运'		南阳赵氏月季城	
	'红宝石'		南阳崔峰月季	
	'红宝石'		南阳崔峰月季	
	'松梦'		南阳佳音月季	
	'欢迎'		南阳花海月季	
	'果汁阳台'	盆栽月季银奖	南阳常春月季苗木繁育基地	
	'红苹果'		南阳常春月季苗木繁育基地	
	'果汁阳台'		南阳常春月季苗木繁育基地	
	'欧迪乐'		南阳市花卉协会	
	'节日礼花'		南阳市花卉协会	
	'烟花波浪'		南阳市月季研究院	
	'希望'		南阳市月季研究院	
	'电子表'		南阳月季基地	
	'小女孩'	盆景月季特等奖	南阳月季集团	
	'和谐'		南阳森美月季种植专业合作社	
	'微彩虹'		南阳芳盛月季盆景种植合作社	
	'和谐'		南阳月季繁育场	
	'美好时光'	盆景月季金奖	南阳市浩盛苗木种植基地	
	'初夜'		南阳汇茗月季专业合作社	
	'红色达芬奇'		南阳金科苗木种植专业合作社	
	'和谐'		南阳森美月季种植专业合作社	
	'红色达芬奇'		南阳市天茂月季种植合作	
	'魔力纽克斯'		南阳汉月农业科技有限责任公司	
	'捉迷藏'		南阳馨悦月季有限公司	
	'小女孩'		南阳市月季研究院	
	'和谐'		南阳市森防站	
	'阿班斯'		南阳众佳月季园	
	'小女孩'		南阳金科苗木有限公司	
	'和谐'		南阳金源月季合作社	
	'躲躲藏藏'		南阳汉月农业科技有限公司	
	'寒地玫瑰'		南阳天茂月季种植合作社	
	'微彩虹'		南阳新宛月季盆景种植合作社	
	'绯扇'		南阳新宛月季盆景种植合作社	
	'夏令营'	盆景月季银奖	南阳月季集团	
	'小女孩'		南阳月季繁育场	
	'和谐'		南阳月季繁育场	
	'古丽奥撒'		南阳汇茗月季专业合作社	
	'冬梅'		南阳玺园园林有限公司	

（续）

时间	名称	奖项	获奖单位	颁奖单位
	'和谐'		南阳众月农业开发有限公司	
	'天河繁星'		南阳金科苗木种植专业合作社	
	'绿冰'		南阳金科苗木种植专业合作社	
	'哈德福俊'		南阳森美月季种植专业合作社	
	'红钻石'		南阳天茂月季种植合作社	
	'烟花波浪'		南阳新宛月季盆景种植合作社	
	'无条件的爱'		南阳新宛月季盆景种植合作社	
	'红柯斯特'	盆景月季银奖	南阳金源月季合作社	
	'欧迪乐'		南阳市月季林业科学研究院	
	'小女孩'		南阳市月季林业科学研究院	
	'果汁阳台'		南阳馨悦月季有限公司	
	'哈德夫俊'		南阳月季（集团）公司	
	'和谐'		南阳月季（集团）公司	
	'和谐'		南阳月季基地	
	'比基尼'		南阳汉月农业科技有限公司	
	'神奇'		南阳新宛月季盆景种植合作社	
	'和谐'		南阳市花卉协会	
	'和谐'		南阳市林业科学研究院	
	'小女孩'+'寒地玫瑰'		南阳市森防站	
	'艾弗的玫瑰'		南阳众佳月季园	
	'金凤凰'		南阳月季基地	
	'粉扇'	盆景月季铜奖	南阳月季基地	
2021年4月	'小女孩'		南阳泰瑞金花月季	第十二届南阳 月季花会 组委会
	'躲躲藏藏'		南阳天茂月季种植合作社	
	'寒地玫瑰'		南阳新宛月季盆景种植合作社	
	'艾弗的玫瑰'		南阳芳盛月季盆景种植合作社	
	'烟花波浪'		南阳芳盛月季盆景种植合作社	
	'哈德福俊'	造型月季 特等奖	南阳森美月季种植专业合作社	
	'红龙'		南阳金鹏月季有限公司	
	'赫尔恩'	造型月季金奖	南阳月季集团	
	'红色达芬奇'		南阳芳盛月季盆景种植合作社	
	'红茶'	造型月季金奖	南阳月季苗圃	
	'夏令营'		南阳崔峰月季	
	'微彩虹'		南阳月季基地	
	'小女孩'	造型月季金奖	南阳崔峰月季	
	'小女孩'		南阳合顺月季种植专业合作社	
	'夏令营'		南阳月季繁育场	
	'北京红'		南阳浩盛苗木种植基地	
	'和谐'		南阳浩盛苗木种植基地	
	'夏令营'	造型月季银奖	南阳汉月月季有限公司	
	'躲躲藏藏'		南阳众佳月季园	
	'凯特琳娜'		南阳汉月农业科技有限责任公司	
	'白桃妖精'		南阳泰瑞金华月季	
	'梦光环'		南阳艺峰月季	

（续）

时间	名称	奖项	获奖单位	颁奖单位
2021年4月	'和谐'	造型月季银奖	南阳金鹏月季有限公司	第十二届南阳月季花会组委会
	'粉龙'			
	'和谐'		南阳世源月季	
	'红茶'	树状月季金奖	南阳市森防站	
	'欧月'		南阳月季繁育场	
	'海神王'	树状月季银奖	南阳月季繁育场	
	'金凤凰'		南阳市花卉协会	
	'微彩虹'	树状月季铜奖	南阳市林业科学研究院	
	'绯扇'＋'粉扇'		南阳月季基地	
	'蓝色风暴'		南阳汉月农业科技有限责任公司	

二、科研成果

时间	类别	成果名称	完成单位	成果类型
2013年	月季新品种	'东方之子'	南阳月季基地 南阳市林科所	河南省新品种审定
2014年	月季成果类	'锦上添花'	南阳石桥月季合作社	
2010年	月季成果类	月季芽变新品种适应性及生产技术研究	南阳市林科所 南阳月季基地	南阳市政府科技进步二等奖
2011年		南阳藤本月季新品种综合评价及繁育技术研究		
2012年		常用大花月季品种综合性状调查及黑斑病、白粉病防治试验研究		
		'粉扇'月季选育试验研究		
2013年		'东方之子'月季选育试验研究	南阳月季基地	
2014年		月季反季节培育技术研究		
2015年		月季在南阳园林景观中的应用研究	南阳市林科所	
2014年	标准类	树状月季培育技术规程	南阳市林科所 南阳白河国家湿地公园管理处	河南省地方标准
2015年		月季扦插育苗技术	南阳市林科所 南阳白河国家湿地管理处	
2019年		大花月季采穗圃营建技术规程	南阳市林业科学研究院	
2020年	月季良种	'夏令营'	南阳月季基地 南阳市林业科学研究院	河南省林木品种审定
		'读书台'		河南省林木品种审定
		'藤金奖章'		河南省林木品种审定
2021年	科学研究类	月季种质资源鉴定评价与优质高抗新品种选育	中国农业科学院蔬菜花卉研究所 南阳月季基地 云南鑫海汇花业有限公司 山东省潍坊市农业科学院	农业农村部2020—2021年度神农中华农业科技奖科学研究类成果一等奖

注：本节获奖及科研成果表中出现同一时间、同一名称、同一奖项、同一获奖单位、同一颁奖单位，为同一参展单位送展两个及以上同一名称展品，并同时获奖；同一时间、同一名称、同一奖项、不同获奖单位、同一颁奖单位，为不同参展单位送展同一名称展品，同时参展并获奖。

南阳月季林木种质资源库

月季林木种质资源库是现代月季育种、新品种研发与测试的物质基础。开展月季林木种质资源库建设，收集保护保存名优新月季种质资源，既防止基因丢失和物种灭绝，又为培育月季新品种提供充足的育种材料。月季新品种研发与利用是加快月季产业发展、提升核心竞争力的关键所在，对助推南阳月季产业转型升级，促进月季产业健康发展具有重要和深远的意义，为南阳世界月季名城建设和中国月季产业发展作出积极贡献。

一、南阳月季林木种质资源本底调查

2017年以来，南阳市林业科学研究院对南阳月季、野生蔷薇、玫瑰资源进行了调查摸底，同时开展了月季种质资源收集引种、保存保护工作。通过对南阳月季主题公园、知名月季企业、月季基地、月季种植大户所种植的月季调查摸底，基本查清了南阳月季资源的种类、数量、类型及分布；通过对西峡县、淅川县、内乡县、南召县等地野生蔷薇资源集中分布区的普查，查清了伏牛山南坡区域野生蔷薇资源的数量、类型及分布。截至2020年，南阳共收集保存的月季、野生蔷薇、玫瑰种质共5012份（月季种质4909份，古老月季种质44份，野生蔷薇种质54份，玫瑰种质5份）。拥有杂交茶香月季、聚（丰）花月季、藤本月季、灌丛月季、微型月季和地被月季等多个类型，有白色、黄色、橙色、粉红、红色、复色等10个月季色系，分别保存于南阳市林业科学研究院、南阳世界月季大观园、南阳月季基地、南阳月季集团等处。其中南阳市林业科学研究院月季种质资源库引种、收录月季、蔷薇种质2605份。

二、国内外名优月季品种收集

（一）南阳月季本底资源收集保存

在资源普查的基础上，南阳市林业科学研究院对南阳本地珍稀品种、生产中不常用月季品种进行了抢救性收集保存，共收集保存924个品种。其中，月季品种908个，古老月季品种5个，野生蔷薇种及变种8个，月季品种3个。

（二）外地名优月季品种收集引种

为丰富南阳月季种质资源，2018年以来，南阳市林业科学研究院月季科研团队分3个组，分别到新疆、吉林、云南、贵州等地，对全国范围内的名优月季品种进行了收集、引种。先后13次赴国内知名月季主题公园、科研院所、知名月季企业进行名优月季品种的收集、引种及交换。月季主题公园有：常州紫荆公园、北京市大兴区月季主题公园、上海辰山植物园等；科研院所有：中国农业科学院、中国林业科学研究院华北林业实验中心、新疆天山职业技术大学等；知名月季企业有：虹越月季公司、天狼月季集团等。共收集引种名优品种1653份，其中，月季种质1618份，野生蔷薇种质18份，古老月季品种15个，月季品种2个；古老月季品种15个，月季品种2个；月季品种类别包括杂交茶香月季（HT）、聚（丰）花月季（Fl）、藤本月季（CL）、灌丛月季（S）、地被及微型月季（Min）。

（三）野生蔷薇资源收集引种

2018年以来，南阳市林业科学研究院组织开展野生蔷薇资源收集引种工作，课题组分赴国内野生蔷薇集中分布区域，重点开展野生蔷薇资源的收集工作。北到吉林、辽宁、新疆，南到云南、贵州、重庆等地。通过连续两年的收集引种，共收集野生蔷薇种及变种28个。

三、南阳市月季国家林木种质资源库建设

在对月季、蔷薇种质资源收集引种的基础上，南阳市林业科学研究院开展了南阳月季种质资源库建设工作。2020年，南阳月季种质资源库顺利通过专家验收，入选河南省首批林木种质资源库，2021年，南阳市月季国家林木种质资源库成功入选第三批国家林木种质资源库。该库由三部分组成，主库位于南阳市林业科学研究院（南阳市月季研究院）科研基地；副库一处位于南阳市城乡一体化示范区世界月季大观园，另一处位于南阳市卧龙区河南南阳国家农业科技园区内。资源库总面积21.45hm^2，其中主库保护面积1.4hm^2，南阳世界月季大观园保护面积15.75hm^2，河南南阳国家农业科技园区保护面积 4.3hm^2，核心区和附属区共收集保存野生蔷薇、古老月季、现代月季种质2605份。

（一）南阳月季种质资源库主要保护对象

1. 古老月季

1867年，以世界上第一个杂交茶香月季（hybrid tea）'法兰西'的诞生为标记，在此之前的月季，

藤本月季花篱（权兆阳 摄）

包括品种、栽培种和原种，统称为古老月季。根据王国良的《中国古老月季》一书，中国古老月季共有76类及品种。目前该资源库收集国内外古老月季44个品种，主要有'月月粉''月月红''大富贵''睡美人''云蒸霞蔚''软香红''羽仕妆''春水绿波''一品朱衣''映日荷花''双翠鸟''玉玲珑''金瓯泛绿''四面镜''橘囊''赤龙含珠''屏东月季''紫玉''金粉莲'等。

2. 野生蔷薇

野生蔷薇在我国分布范围极广，遍及全国每一个省份，以新疆、四川、贵州和云南一带为野生蔷薇的富集区。中国原产的蔷薇属植物有91种。南阳月季林木种质资源库已收集野生蔷薇种源54原种及变种，主要有：野蔷薇（多花蔷薇）、粉团蔷薇、七姐妹、光叶蔷薇、木香花、黄木香花、金樱子、小果蔷薇、缫丝花（刺梨）等。

3. 现代月季

主要收集性状优良且具有代表性的月季品种，参照世界月季联合会分类标准，结合中国月季分类方法，将月季分为6大类：杂交茶香月季、聚（丰）花月季、藤本月季、微型月季、地被月季、灌丛月季。

（1）杂交茶香月季

灌木，株型直立，株高60~150cm，花大，花径大于8cm。保护种质共855份，主要有：'热带落日''莫奈''超世纪''紫袍玉带''烟花波浪'等。

（2）聚（丰）花月季

灌木，株型直立，株高60~150cm，花密，花径大小中等，一般在6~8cm，每个花枝上具有多个花头。保护种质共813份，有重瓣红色'绝代佳人''北京红''莫海姆''白桃草莓冻糕''雪花肥牛'等。

月季品种园

南阳市月季研究院　河南省南阳市国家月季林木种质资源库

南阳市林业局赴北京征询月季国家林木种质资源库规划方案

（3）藤本月季

蔓性强，植株攀援生长，分枝长大于200cm，生长势强。保护种质共451份，有粉色'龙沙宝石''大游行''安吉拉''御用马车''海格瑞'等。

（4）微型月季

株高60cm以下，枝条短，花小且密。保护种质共38份，有'浪漫宝贝''果汁阳台''迷你伊甸园''铃之妖精''金丝雀'等。

（5）地被月季

植株铺地，枝匍匐生长。主要保护种质共11份，有'哈德福俊''巴西诺''甜蜜漂流'等。

（6）灌丛月季

株高150~200cm，植株生长整齐，株型丰满，枝条健壮，直立性强。主要保护种质358份，有'夏洛特夫人''瑞典女王''粉彩巴比伦眼睛''红色达芬奇''银禧庆典'等。

高规格建设南阳月季林木种质资源库。力争到2025年，收集保存月季、蔷薇等蔷薇属植物种质10000份以上，建设国家级月季新品种展示中心、中国月季研究中心、国际月季测试中心，开展月季杂交育种试验，选育南阳月季新品种，研究推广生产实用新技术，提高南阳月季核心竞争力，提升产业科技创新发展水平，为中国月季事业健康发展作出南阳贡献。

世界月季名城——南阳

SHIJIE YUEJI MINGCHENG:
NANYANG

第三章
以花为媒　产业兴旺
DISANZHANG
YIHUA WEIMEI CHANYE XINGWANG

森林之光（张桂兰 摄）

一、中国月季之乡第一届月季文化节

2010年5月15日～18日，由中国花卉协会月季分会、卧龙区人民政府主办，卧龙区石桥镇人民政府、南阳月季基地承办的"中国月季之乡·第一届月季文化节"在卧龙区石桥镇举办，15日上午举行开幕式。这是南阳市由县级政府举办的首届月季文化节。节会旨在贯彻落实南阳市委、市政府实施"四个带动"精神要求，以叫响"中国月季之乡"品牌为目标，展示石桥月季和石桥文化，带动月季产业升级和产品销售，促进经济发展和群众增收。

参会人员： 时任中国花卉协会副秘书长陈建武、中国花卉协会月季分会会长张佐双，南阳市政协主席贾崇兰，南阳市委常委、宣传部长姚进忠，南阳市政府副市长姚龙其、冯晓仙、市长助理田向和，武警总队后勤部部长陈占山、北京市园林局局长王振江，著名作家二月河、南阳市林业局局长宋运中、党组书记张荣山及南阳市委宣传部、发改委等12个市级以上单位负责人，卧龙区委书记王吉波、区长马冰及月季企业负责人参加开幕式和相关活动。

中国月季之乡第一届月季文化节

民俗表演

主体活动： 名优月季品种展示，民俗文化表演比赛，"卧龙飞歌"文艺演出，书画及摄影作品展示（现场作画、摄影），卧龙区旅游产品展，现代月季专业化生产座谈会，大调曲研讨会，石桥特色小吃展，"彭家大院"文化展，"走进月季之乡、享受绿色生活"活动，中国民俗摄影家协会创作基地挂牌仪式。

二、中国月季之乡第二届月季文化节

2011年5月5日~8日，由中国花卉协会月季分会、卧龙区人民政府主办，卧龙区石桥镇人民政府、南阳月季基地承办的"中国月季之乡·第二届月季文化节"在石桥镇举办，5日上午举行开幕式。

参会人员： 时任中国花卉协会月季分会会长张佐双、副会长兼秘书长赵世伟，河南省林业厅副厅长李军，南阳市正市长级干部郭庆之、南阳市政府副市长姚龙其、秘书长姚国政，南阳市林业局局长宋运中、党组书记张荣山，卧龙区委书记王吉波等领导及月季企业负责人参加开幕式和相关活动。

主体活动： 月季博览园揭牌仪式，古桩月季展，摄影、书画、诗词、楹联展评，田汉茶社文联书画基地揭牌仪式，田汉茶社大调曲研讨会，卧龙飞歌文艺演出，锣鼓比赛、篮球比赛等。

三、中国月季之乡第三届月季文化节

2012年5月8日~10日，由中国花卉协会月季分会、南阳市林业局、卧龙区人民政府主办，卧龙区石桥镇人民政府、南阳月季基地承办，以"香飘万里·情系农运"为主题的中国月季之乡·南阳市第三届月季文化节在卧龙区石桥镇举办，8日上午举行开幕式。活动主要集中在卧龙区石桥镇，七里园乡达士营月季博览园，南阳金阳光酒店。节会旨在以"弘扬月季文化，壮大花卉产业，扩大对外开放，推动科学发展"为宗旨，进一步叫响"中国月季之乡"品牌，带动月季产业文化融入和科技提升，推动集聚集群发展，为实现富民强区和"三化"协调科学发展探索新途径。

参会人员： 时任中国花卉协会副秘书长陈健武，河南省政府省长助理、省花卉协会会长何东成，河南省林业厅副巡视员王学会，南阳市委书记李文慧、南阳市政府市长穆为民、南阳市人大常委会主任李天岑，南阳市委常委、统战部长刘朝瑞，南阳市委常委、宣传部长姚进忠，南阳市委常委、秘书长原永胜，南阳市人大常委会副主任王清选，南阳市第三届人大

常委会副主任张德武，南阳市政府副市长冯晓仙，著名作家二月河，南阳市林业局局长汪天喜、党组书记张荣山及市委宣传部、发改委等19个单位负责人，卧龙区委书记马冰、区长罗岩涛及新闻界、摄影界、书画界有关人员参加开幕式和相关活动。

在节会举办前（2012年4月），著名作家二月河为中国月季之乡（石桥）第三届月季文化节题词："中州名镇，宛北钟灵；张衡故里，月季飘香"。

主体活动：参观南阳月季基地，参观中国月季文化展、旅游产品展、书画作品展，举行港湾站揭牌及地动仪雕塑揭幕仪式，中国南阳月季产业发展高层论坛，民间文化艺术表演大赛，"庆花节、迎农运"卧龙飞歌文艺演出，田汉茶社大调曲演唱及研讨会，0377车友会游石桥，石桥镇第三届篮球赛，"牵手《南阳日报》、走进古镇石桥"活动，摄影采风活动。

四、南阳月季文化节

2013年4月28日～5月3日，由中国花卉协会月季分会主办，河南省花卉协会、南阳市人民政府承办，南阳市林业局、南阳市邮政分公司、城乡一体化示范区管委会、卧龙区人民政府、宛城区人民政府协办，以"花开玉都·美丽南阳"为主题的南阳月季文化节在南阳市体育场举办。这也是自卧龙区承办月季节会以来第一次由南阳市级承办。4月28日上午，举办了南阳第十届玉雕节暨玉文化博览会、南阳月季文化节开幕式。节会旨在以"月季为媒、文化为魂、交流合作、科学发展"为目标，按照"月季盛会、百姓节日、产业新天地"的宗旨，大力宣传弘扬月季文化，打响南阳月季品牌，全面提升以月季为主的花卉苗木产业发展，提高核心竞争力。通过科学运作，精心筹办，着力在规模上扩大、层次上提升、效果上求实，不断提高南阳月季文化节的特色化、专业化、国际化水平，努力办成独具特色的国家级品牌盛会。

参会人员：本届月季文化节邀请了世界月季联盟成员新西兰弗兰克月季有限公司总经理

二月河为南阳月季文化节题词

Daniel（丹尼尔）、澳大利亚月季品种登录权威Laurie（劳瑞），中国花卉协会副会长王兆成、副秘书长陈建武、中国花卉协会月季分会会长张佐双、副会长兼秘书长赵世伟，中国林业科学研究院分党组书记叶智，河南省花卉协会会长何东成，河南省林业厅厅长陈传进，河南省花卉协会副会长宋全胜、陈新海、秘书长裴海朝等省内外花卉协会的领导、专家及教授46人；邀请全国16个省会城市、3个直辖市、42个地级城市的花卉界知名人士共270人参加节会。南阳市委书记穆为民、南阳市政府市长程志明、南阳市人大常委会主任杨其昌，南阳市委常委、统战部长刘朝瑞，南阳市人大常委会副主任程建华、南阳市政府副市长张生起、南阳市政协副主席贺国勤，南阳市林业局党组书记、局长汪天喜、南阳

南阳月季文化节

市花卉协会会长张荣山等领导及市直单位负责人参加开幕式和相关活动。

主体活动：月季产业化发展高峰论坛。4月29日上午，在天润梅地亚酒店举办月季与产业化发展高峰论坛，来自国内外30多位月季业界的专家、学者分别就月季发展现状和新品种培育、加工、销售、研发等进行广泛深入探讨，拓宽月季科技人员视野，提高月季生产人员技术水平，开阔了南阳月季企业市场研发思路。

项目签约。4月29日下午，在天润梅地亚酒店举行项目签约，来自国内外知名花卉苗木企业、绿化公司与南阳各县市区签约合作、交易、科技项目36个，引资44亿元。签订协议类项目65个，引进合作单位61家，交易金额6.9亿元。

参观月季生产基地。4月28日，参加月季文化节的全体嘉宾参观南阳月季基地，了解南阳月季发展规模、发展现状以及月季新品种等，更加直观地向外地客商展示、宣传推介南阳月季产业。

精品月季展。邀请国内知名月季科研院所和月季生产企业、南阳月季生产企业和大户，选择有代表性的精品、名品月季，展示"花中皇后"风姿，交流盆栽月季培育经验成果。中国花卉协会组织国内外月季专家对盆景月季和盆栽月季精品进行评奖，颁发奖牌和证书。第一，"月季皇后"。南阳月季基地《花中皇后》。第二，盆栽精品月季展品。金奖，南阳月季基地、江苏省常州市园林绿化局；银奖，山东省莱芜市林业局、南阳市卧龙区成教月季繁育基地、江苏省武进市交通局、南阳月季集团；铜奖，海南省三亚市林业局、南阳金鹏月季有限公司、南阳富民月季基地、四川省成都川西现代月季园、江苏省淮安市月季园、南阳市月季合作社。第三，月季盆景作品。金奖，北京纳波湾园艺有限公司《天香至尊》；银奖，郑州市城市园林科学研究所《胜春园》、江苏省淮安市月季园《淮丰》；铜奖，南阳森美月季示范园《天女散花》、南阳月季合作社《沙漠之舟》、南阳金鹏月季有限公司《希望》。第四，精品月季。优秀奖，北京纳波湾园艺有限公司、南阳月季基地、南阳金鹏月季有限公司等18家公司、企业。

盆景展。在月季文化节期间举办盆景展，集中展示南阳盆景艺术。展出参展作品526件，经过专家评委认真评选，23件作品获奖。金奖5名，雷天舟、边长文、裴清友、胡大宇、边长武；银奖8名，吴德军、朱天才、张建武、李天增、张卓、安顺义、王造根、孟文；铜奖10名，高阳、王作义、雷海奇、吴越、卢春龙、赵旭伟、何建国、王林、肖剑冰、田建立。

插花艺术比赛。4月26日下午，在南阳市体育场二楼举办插花艺术比赛，来自省内外50名选手现场比赛，河南省插花艺术协会有关领导和评委现场打分评比，评出特等奖1名、一等奖8名、二等奖22名。特等奖，杨帆《花开玉都》、李天祥《美丽南阳》；一等奖，吕崇《白河春韵》、贾瑞《白河春韵》等8幅作品；二等奖，袁爱琴《和谐》、包旭辉《白河春韵》等22幅作品。

月季文化展。在南阳市体育场举办，展览内容包括月季辨名、月季溯源、中国月季栽培史、中国月季园、月季与人文精神、国际交往、"月季飘香·美丽南阳"等12项内容，共制作展板99块。

月季摄影大赛。4月27日，"月季花城·美丽南阳"全国月季摄影大赛，在南阳市体育场南门启动。

月季赠送活动。4月9日～12日，卧龙区、宛城区，城乡一体化示范区、高新区向市民赠送月季，共赠送月季13万盆，让市花月季走进千家万户。月季文化节期间，开展向市级以上

劳动模范、绿化奖章获得者、"三八"红旗手、文明个人、省级以上"五四"青年奖章获得者等先模人物赠送月季活动，赠送月季2860盆。

五、南阳月季花展

2014年4月29日~5月3日，由中国花卉协会月季分会、河南省花卉协会主办，南阳市花卉协会、南阳月季基地承办的南阳月季花展于4月29日上午在南阳月季博览园举行开幕式及博览园开园仪式。开幕式上，为南阳市邮政部门设计的《花中皇后　南阳月季》（第二组）个性化邮票发行揭幕。节会旨在坚持"月季为媒、文化为魂、交流合作、促进发展"，遵循"简约大气，突出特色"的原则，以弘扬月季文化，打响南阳月季品牌，做大做强月季产业为目标，不断提高南阳月季产业的特色化、专业化、国际化水平，为2015年举办中国（南阳）月季花展奠定基础。

参会人员： 时任中国花卉协会副秘书长陈建武、中国花卉协会月季分会会长张佐双、河南省花卉协会会长何东成、秘书长裴海朝、南阳市委书记穆为民、南阳市政协主席刘朝瑞、南阳市委常委、秘书长张振强、南阳市委常委、副市长张生起、南阳市人大常委会副主任程建华、南阳市第四届政协副主席贺国勤、南阳市林业局党组书记、局长汪天喜、南阳市花卉协会会长张荣山、卧龙区委书记马冰、区长陈天富等单位负责人参加开幕式和相关活动。

主体活动： 2015年中国南阳月季花展筹备研讨会。邀请国内花卉专家、产业代表，围绕2015年中国南阳月季花展如何突出主题、多出精品、办出特色、献计献策，并就南阳月季花卉产业发展等方面进行深入交流和研讨。

精品月季花展。在月季博览园大门外停车场，组织市内各大月季企业、种植大户展示一批丰富多彩的盆景月季、盆栽月季、树状月季精品，交流月季最新发展成果，让广大市民、游客在欣赏的同时，更多地认识月季品种，感受月季芳姿。

月季文化展。通过图片、文字等形式，展示世界优秀月季园的绰约风姿，建园历史、景观布局、功能特色及科研、生产、发展史；展示2013年南阳月季文化节摄影大赛获奖作品的靓丽风采；展示月季的栽培历史、月季辩名、月季溯源、中国古老月季及其价值与贡献、月季与人文精神等，弘扬月季文化的丰富内涵。

"爱市花赏月季"游园活动。以南阳月季博览园为主题游园，展出800余个品种、数百万株月季，与月季大师面对面学习月季栽培和养护知识，使人们在游园赏景的同时，增长月季科普知识。

2014年南阳月季花展

六、中国（南阳）月季展

2015年4月28日~5月3日，由中国花卉协会支持，中国花卉协会月季分会、河南省花卉协会主办，南阳市花卉协会承办，卧龙区、宛城区、城乡一体化示范区、南召县、高新区、鸭河工区、南阳市林业局、南阳市城市管理局、南阳市旅游局协办的中国（南阳）月季展于4

月28日上午在南阳市体育场西门外南阳月季公园举行。开幕式上，对南阳市邮政部门设计的《花中皇后　南阳月季》（第三组）个性化邮票揭幕发行。本次节会旨在"以人为本、月季为媒、文化为魂、交流合作、促进发展"的宗旨，遵循"简约大气，突出特色"的原则，以集中展示中国月季事业发展的新成果、新成就和南阳月季优良品种、标准化生产基地建设水平、弘扬月季文化、打响月季品牌、做大做强南阳月季产业为目标，科学运作，精心筹办，不断提高中国月季展的特色化、专业化、国际化水平，力争办成独具特色的国家级月季盛会。主题口号是"缤纷月季，美丽家园"。

参会人员：中国花卉协会及月季分会有关领导和专家，全国各省市区花卉协会代表，河南省花卉协会、各省辖市花协有关领导和专家，参展城市代表，国内知名园林科研单位和园林规划设计部门代表，国内知名旅行社负责人400余人参加月季展。这是南阳第一次举办国家级花事盛会。时任河南省政府副省长赵建才、河南省政协副主席高体健、中国花卉协会副秘书长陈建武、国家林业局信息办副主任邹亚萍、中国花卉协会月季分会会长张佐双、河南省花卉协会会长何东成、河南省林业厅副厅长李军、南阳市委书记穆为民、南阳市政府市长程志明、南阳市人大常委会主任杨其昌、南阳市政协主席刘朝瑞，及副厅级以上领导，南阳军分区领导及南阳市林业局党组书记、局长汪天喜参加开幕式及相关活动。

在展会举办前（2015年4月），著名作家二月河为2015年中国（南阳）月季展《中国月季》专辑2015年第一期题词："南阳月季走向全国，也走出了国家，明天南阳月季更好，为美丽中国美丽世界再添光彩。"

主体活动：全国花卉信息工作会议。4月28日～29日，中国花卉协会2015年全国花卉信息工作会议在南阳市召开，与中国（南阳）月季展同期举办。各省（区、市）花卉协会、中国花协各分支机构领导和全国主要花卉产区、重点花卉市场、重点花卉企业信息员参加会议。其目的是，以适应花卉行业信息化发展和管理的需要，加强花卉产业信息化管理工作，充分运用信息技术的方法、手段和成果，加速实现花卉产业现代化。

2015年中国（南阳）月季展

月季合作项目签约活动。4月29日，邀请国内知名花卉苗木企业、绿化企业和林产品加工企业，进行月季及花卉苗木和林产加工项目合作及现场签约。这次与南阳市各县区共签约合作、交易、科技项目79个，总金额55.8亿元，达到了优势互补、共同发展的目的。

参观月季生产基地。4月28日，组织与会领导、专家和月季企业、绿化企业负责人等各界来宾参观南阳月季基地、东改线月季产业带、南阳月季集团、南召玉兰生态园、南阳豫花园等精品月季生产区，宣传推介南阳月季产业和花卉苗木产业。

花卉产品、森林食品及盆景艺术展。4月27日~5月3日，借助月季花展搭建合作交流平台，展示南阳林业产业发展的新成果、新成就，组织121家省内外单位参加花卉产品、森林食品、盆景艺术展，加快名特优花卉产品、森林食品"走出去"步伐，提高南阳花卉产品、森林食品品牌影响力，展示月季和盆景风采，促进林业产业发展。

月季新品种、盆栽精品月季展。4月27日~5月23日，邀请北京、江苏、山东等7省12城市25家知名月季研究所和月季企业及南阳市16个县区62个单位参加月季展评，参展精品盆栽月季千余盆、盆景月季百余盆、月季新品种近百个。经专家评审，评出盆栽月季、盆景月季、新品种月季特等奖、金奖、银奖57件。2015年4月28日，2015中国（南阳）月季展组委会下发（中月协组[2015]23号）文件决定：一、授予南阳月季基地选送的'蓝色的拉比索迪'、北京市天坛公园选送的'阿尔丹斯75'等27件作品"盆栽月季特等奖""盆栽月季金奖""盆栽月季银奖"。二、授予北京纳波湾园艺有限公司选送的'池塘野趣'、南阳森美月季选送的'青春旋律'等18件作品"盆景月季特等奖""盆景月季金奖""盆景月季银奖"。三、授予北京市园林科学研究院选送的'红五月'、郑州城市园林科学研究所选送的'桃灼蓝天'等12件作品"月季新品种特等奖""月季新品种金奖""月季新品种银奖"。四、授予赵国有、李文鲜等2人"月季栽培大师"荣誉称号，王忠、王祥、王超、刘玉、孙具有、李付昌、苏金鹏、李绍错、赵国强、赵国聚等10人"月季生产能手"荣誉称号。4月29日下午，在天润富瑞阁酒店举行隆重颁奖仪式。

月季摄影文化展。4月28日~5月3日，以"月季·园林·生活"为主题，通过图片、文字，展示优秀月季摄影作品及丰富的月季文化内涵。

"百万人游南阳"赏月季活动。4月29日~5月3日，以南阳月季公园、南阳月季博览园和南召玉兰生态园等为重点，开展游南阳赏月季活动，节会期间有800多个品种、数百万株月季展出，游客人数达到110余万人，使人们在游园赏景的同时，品味月季的绰约芳姿。

月季赠送活动。在月季展开幕前，4月25日~27日，由卧龙区、宛城区、城乡一体化示范区、高新区、南阳市城市管理局、南阳市林业局组织，每单位3万盆，向市民赠送月季18万盆，让月季走进社会、融入家庭，进一步增强广大市民绿化美化意识，提升社会各界携手共建大美南阳的热情。

七、2016年南阳月季展

2016年4月28日~5月3日，由中国花卉协会月季分会、河南省花卉协会主办，南阳市花卉协会、南阳月季基地承办，卧龙区、宛城区、城乡一体化示范区、高新区、南阳市林业局、南阳市城市管理局、南阳市邮政分公司协办的2016年南阳月季展于4月28日上午在南阳月季博览园举行开幕式。开幕式上，举行了中国月季园揭牌、《花中皇后 南阳月季》（第四组）个性化月季邮票发行揭幕，河南大爱服饰有限公司员工们表演了《重回汉唐》《礼仪之邦》精彩节目，为节日增添了喜庆色彩。

参会人员： 时任河南省政协副主席钱国玉，南阳市委书记穆为民、市长程志明及市副市厅级以上领导，南阳市林业局党组书记、局长赵鹏，各县区党政主要领导及市直单位主要负责人、中国花卉协会月季分会领导及专家、中国林业科学研究院领导及参加第二届全国林木种质资源利用与生态建设高端论坛的专家、郑州航空港综合经济试验区领导及企业代表参加开幕式及相关活动。

主题口号及宗旨。 以"月季·城市因你而美丽"为口号。坚持"以人为本、月季为媒、文化为魂、交流合作、绿色发展"的宗旨，遵循"简约大气，突出特色"的原则，以集中展示南阳月季优良品种、月季园林应用水平和标准化生产基地建设水平，打响月季品牌，做大做强南阳月季产业为目标；通过科学运用、精心筹办，不断提升南阳月季展的特色化、专业化水平。

主体活动： 第二届全国林木种质资源利用与生态建设高端论坛。4月28日下午，借助月季展这一平台，中国林业科学研究院与南阳市政府共同举办第二届全国林木种质资源利用与生态建设高端论坛。本届论坛邀请中国科学院院士、中国林业科学研究院首席科学家唐守正等8位国家级专家，重点围绕林木种质资源利用、月季品种选育与栽培技术研究、生态建设等内容作专题报告。国家林业局科技发展中心、中国林业科学研究院、有关省市科研院所、企业等单位的特邀专家，国家林木种质资源平台及成员单位的有关人员，河南省林业厅、南阳市政府有关领导及人员，从事林木种质资源、种苗和新品种科研、生产和管理相关工作人员参加论坛活动。论坛的举办有力促进了南阳林木种质资源保护与开发利用，推动品种创新和花卉种苗产业发展，进一步加快城乡绿化美化和生态环境建设。

盆景艺术展。 4月27日～5月3日，在森泓树艺文化创意园，组织宛城区、卧龙区、高新区

2016 年南阳月季展

的50余家月季企业，展示月季盆景1000多盆，其中精品月季200余盆。

插花艺术展。4月27日~5月3日，南阳市城市管理局在南阳市体育场举办插花艺术展，郑州、开封、信阳等地的花艺师和南阳插花爱好者近30名选手参加比赛，完成作品50余幅，评出2个特等奖、7个一等奖和18个二等奖。其中，郑州市绿文广场管理中心的《白河月色》和郑州市碧沙岗公园的《春深锁娇艳》，荣获月季插花艺术作品特等奖。

月季摄影大赛。4月25日，2016年"花中皇后·美丽南阳"月季摄影大赛开镜仪式，在南阳月季博览园大门前举行。

世界优秀月季园图片展。以图文并茂的形式，展出36个世界优秀月季园，通过集中介绍其建园历史、景观布局、功能特色及科研、生产、发展史等，加深人们对月季、月季园及月季应用的认识，展示世界月季联合会评选命名的世界优秀月季园。

月季邮票绘画展。月季展举办期间，在南阳月季博览园展出《花中皇后 南阳月季》一至四组全部个性化邮票60版672枚，南阳月季文化极限邮集2框，精选历年来培育出月季新品制作的邮资明信片以及二十世纪八九十年代包含月季文化元素的南阳烟标等。组织近万名中小学生参加《花中皇后 南阳月季》邮票图稿绘画比赛，提交国画、剪贴画、水彩画、油画等各类绘画作品3000余件，现场展出53框900余幅学生优秀绘画作品。

赏月季爱市花游园活动。组织月季展所有参会的嘉宾以及玉雕展的主要贵宾嘉宾开幕式前后参观南阳月季博览园、精品月季盆景展、插花艺术展等展会内容。结合"五一"小长假，组织广大市民开展游南阳、赏月季活动。部分旅行社规划观赏月季旅游线路，组织外来游客来宛赏花观玉。月季展举办期间，广大市民游玩赏花，享受假期带来的愉快，外来游客纷纷点赞南阳月季。据统计，4月28日~5月3日，参观月季的游客人数达到近20万人次，其中参观南阳月季博览园13.9万人次。

月季赠送活动。4月16日~26日，南阳市林业局、卧龙区、宛城区、城乡一体化示范区、高新区、南阳市城市管理局分别设置月季赠送点，凭身份证向广大市民赠送月季，共赠送月季10万株。南阳市林业局在林科所苗圃场赠送月季，与南阳市邮政分公司联合，在市区16个邮政网点凭月季邮政明信片免费领取月季，赠送月季3万株。

八、第八届南阳月季花会

2017年4月28日~5月3日，由中国花卉协会月季分会、河南省花卉协会主办，南阳市花卉协会承办，卧龙区、宛城区、城乡一体化示范区、高新区、南阳市节会活动办公室、南阳市林业局、南阳市城市管理局、南阳市邮政分公司、南阳月季基地、南阳月季集团等协办的第八届南阳月季花会于4月28日上午在市体育场开幕。开幕式上，举行了《花中皇后 南阳月季》（第五组）个性化邮票发行揭幕仪式。

参会人员： 时任河南省委常委、宣传部长赵素萍，河南省政协副主席靳克文，世界月季联合会主席凯文·特里姆普，世界月季联合会前主席、会议委员会主席海格·布里切特，中国科学院院士、国务院参事、中国林业科学研究院首席科学家唐守正，中国花卉协会月季分会会长张佐双，世界月季联合会副主席、中国花卉协会月季分会常务副会长赵世伟等领导及嘉宾，南阳市委书记张文深，南阳市政府市长霍好胜等副市厅级以上领导干部，著名作家二月河，南阳市林业局党组书记、局长赵鹏，中国林业科学研究院、中国花卉协会月季分会、河南省林业厅、河南省花卉协会、河南省邮政系统、河南省部分省辖市、其他省市花卉、园林部门的领导和专家，国内知名旅行社负责人参加了开幕式及相关活动。

月季赠送活动

主题口号及宗旨： 以"月季花开·幸福南阳"为主题口号。坚持"月季为媒、文化为魂、交流合作、绿色发展"的宗旨，遵循"简约大气，突出特色"的原则，以集中展示南阳月季园林应用水平和标准化生产基地建设水平，打响月季品牌，做大做强南阳月季产业为目标；通过科学运作，精心筹办，提升南阳月季花会的特色化、专业化水平，力争办成独具特色的国家级月季盛会。

主体活动： 林木品种创新与产业发展高层论坛。4月29日下午，中国林业科学研究院与南阳市政府共同举办了林木品种创新与产业发展高层论坛。南阳市委常委、常务副市长原永胜参加开幕式并致辞。本届论坛邀请中国科学院院士、国务院参事、中国林业科学研究院首席科学家唐守正等专家，重点围绕林木种质资源利用、月季品种选育与栽培技术研究、生态建设等内容作专题报告。论坛的举办有力促进了南阳林木种质资源保护与开发利用，推动品种创新和月季产业发展。

精品盆栽月季及盆景艺术展。4月27日～5月3日，以"月季花开·幸福南阳"为主题，在南阳市体育场组织精品盆栽月季及盆景艺术展。来自省内外17家企业和单位参展，展示月季盆景1000余盆，其中精品盆栽月季、盆景月季150余盆。共评选出盆栽月季金奖2个、银奖4个、铜奖6个，盆景月季金奖2个、银奖4个、铜奖6个，集中展示了南阳月季优良品种、月季园林应用水平和标准化生产基地建设水平。

月季插花展。4月27日～5月3日，在南阳市体育场举办月季插花展。各地花艺师以月季花为主花材，围绕东方式插花、西方式插花和自由式插花3种风格，在主题表现、色彩搭配、构图造型、表现手法和容器选用等方面进行创作，共完成作品50余件。经过专家评委评选，共评出特等奖6件，一等奖15件，二等奖30件，三等奖10件。其中，"丹江情""春醉我家芳菲艳""中国魂""玉润花香""松鹤延年""美好家园"荣获特别奖。广大市民在欣赏月季的同时，也观赏到高雅的插花艺术。

月季企业及世界优秀名园展。以图文并茂的形式，展出20个世界优秀月季园。展出省内外11家月季企业发展建设情况，加深人们对月季、月季园及月季应用知识的认识。同时，南阳市邮政分公司借助花会举办，在南阳市体育场展出27框邮票，其中《花中皇后　南阳月季》系列邮票10框，包含《花中皇后　南阳月季》第一至五组全部个性化邮票；南阳月季文化极限邮集2框，精选历年来培育出月季新品制作的邮资明信片以及八九十年代包含月季文化元素的南阳烟标等；南阳本地题材邮集15框，以方寸邮票独特的视角和生动的艺术形式，展现南阳文化的悠久历史。

第二届最美月季公（游）园、最美月季大道、最美月季庭院评比。4月10日～4月25日，

月季赠送活动启动仪式

南阳市城市管理局在全市范围内组织开展了最美月季公（游）园、最美月季大道、最美月季庭院评选活动。评选出最美月季公（游）园10个，最美月季大道10条，最美月季庭院10个。

月季摄影大赛及其他文化活动。4月25日，在南阳市体育场西广场举行第八届南阳月季花会书画展开展暨摄影大赛启动仪式。南阳市人大常委会副主任程建华出席仪式并为摄影大赛揭镜。本届大赛的主题为"月季花开·幸福南阳"，大赛时间为2017年4月26日～6月25日；旨在通过市内外摄影家的热情关注和积极参与，聚焦南阳月季产业、科研和文化发展，拍摄创作出一批优秀月季主题摄影作品。大赛设置一等奖1件，二等奖3件，三等奖6件，优秀奖25件，另设置入围奖50件。同时，邀请到书法家魏殿松和画家徐健，围绕南阳月季主题，创作一批书法、绘画作品，弘扬月季文化，打响南阳月季品牌。

花卉产品、森林食品展。按照精益求精的原则，确定宛西制药、果然风情等25家知名企业参展，展品内容包括食、饮、药、用、保、妆等120多种林业产品，展出面积近500m²。

月季赠送活动。4月18日～26日，南阳市委、市政府连续5年免费向广大市民赠送月季。18日上午，在解放广场启动月季赠送活动仪式。南阳市委常委、常务副市长原永胜参加活动并讲话。城区共设17个月季赠送点、赠送月季10万株，其中南阳市林业局、卧龙区各赠送月季3万株，南阳市城市管理局、宛城区、城乡一体化示范区、高新区各赠送月季1万株，持续推进月季走进千家万户，让广大市民享受到缤纷月季带来的美好生活。

赏月季爱市花游园活动。组织与会嘉宾参观南阳月季公园、南阳月季博览园、东改线月季产业带、南召玉兰生态园花卉产业发展。广大市民利用"五一"小长假畅游月季花海，品味月季的卓越芳姿，外来游客纷纷点赞南阳月季。

九、第九届南阳月季花会

2018年4月28日～5月3日，由中国花卉协会月季分会主办、南阳市人民政府承办的第九届南阳月季花会于4月28日上午在南阳市体育场与中国·南阳第十五届玉雕文化节开幕式同时举办。开幕式上，举行了《花中皇后　南阳月季》（第六组）个性化月季邮票发行揭幕仪式，启动了"老家河南·避暑南阳"文化旅游节活动。

参会人员：全国政协人口资源环境委员会原副主任、浙江省政协原主席李金明，时任世界月季联合会主席凯文·特里姆普，世界月季联合会前主席、会议委员会主席海格·布里切特，中国梅花协会会长张启翔，世界月季联合会副主席、中国花卉协会月季分会常务副会长赵世伟，河南日报报业集团总经理张光辉，河南省国土资源厅党组成员、河南省煤田地质局局长王天顺、河南省煤田地质局党委书记原永胜，北京农学院党委书记杨军，北京农学院副院长范双喜，河南省林业厅副厅长杜清华以及南阳市领导王智慧、王毅、景劲松、张生起、张富治、刘树华、吕挺琳、季陵等领导，南阳市林业局党组书记、局长赵鹏出席开幕式。

开幕式结束后，与会领导和嘉宾共同观看了文艺节目、月季展以及玉雕文化展。

主题口号及宗旨：以"相约健康养生地·畅游玉韵花香城"为口号。紧紧围绕建设重要区域中心城市的发展定位，全面聚焦南阳市委、市政府"两轮两翼"战略和九大专项，以满足人民过上美好生活的新期待为目标，创新办会机制，提升办会水平，丰富节会内涵，以"玉"为媒、以"花"为友，宣传南阳，扩大开放，努力把玉雕文化节、月季花会办成带动文化旅游与玉雕月季产业发展、推动招商引资、建设美丽南阳、惠及广大群众的纽带和平台，为南阳经济社会发展作出新贡献。

主体活动：南阳市特色花卉苗木产业发展规划评审会。4月26日下午，召开专家评审会。中国花卉协会月季分会会长张佐双，中国梅花协会会长张启翔，世界月季联合会副主席、中国花卉协会月季分会常务副会长赵世伟等专家学者组成评审组，对规划进行评审。经过认真讨论评议，评审组提出修改完善意见并通过规划评审。

南阳花卉产业论坛。4月27日上午，举办南阳花卉产业论坛。世界月季联合会主席凯文·特里姆普，世界月季联合会前主席、会议委员会主席海格·布里切特，世界月季联合会副主席、中国花卉协会月季分会常务副会长赵世伟等参加论坛活动。在论坛上，凯文、海格、赵世伟及月季种植专家丁怀敏、姜正之等分别以《世界月季联合会的过去和未来》《略论南阳月季的可持续之路》《云南微型月季的生产情况与市场》《电商平台助力天狼月季发展》为题，对月季的发展历史、种植规模、产业状况等内容作报告。

世界月季洲际大会筹备会。4月27日，召开"2019世界月季洲际大会"筹备工作座谈会。世界月季联合会主席凯文·特里姆普，世界月季联合会前主席、会议委员会主席海格·布里切特，中国花卉协会月季分会会长张佐双，世界月季联合会副主席、中国花卉协会月季分会常务副会长赵世伟，河南省花卉协会会长何东成，南阳市委副书记王智慧、南阳市政府副市长谢松民、城乡一体化示范区管委会主任金浩，南阳市林业局党组书记、局长赵鹏等及有关负责人参加。会议听取了南阳市"2019世界月季洲际大会"筹备工作进展情况汇报，与会人员针对当前筹备工作中存在的问题，把脉问诊，深入探讨，提出了建设性的意见和建议，对大会顺利举办起到有力促进作用。

精品盆栽月季及盆景艺术展。4月26日～5月3日，组织南阳重点月季企业、月季种植爱好者和盆景艺术大师，展示一批新品种月季、盆栽月季艺术精品，交流盆栽月季、盆景发展新成果。本次花会有14家月季企业参展，展出盆栽月季、盆景月季148盆，经评委专家组评选，南阳月季苗圃选送的'皇家石英'、南阳金鹏月季选送的'奥斯汀'获得盆栽月季展金奖。南阳联农月季选送的'红钻石'等4件作品获得银奖，南阳茹氏月季选送的'藤彩虹'等6件作品获铜奖。27日上午，对获奖的企业和个人进行颁奖表彰。

插花艺术展与集体婚礼新娘捧花展。4月26日～5月3日，组织省内外插花艺术大师，举办月季插花比赛和作品展览。经评委专家组评选，上海市插花花艺协会丁稳林制作的《鹤鸣青山玫瑰香》、广州插花艺术研究会张丽雅制作的《春庭馥郁》等6件作品获得特别奖；郑州市碧沙岗公园王小军等6人制作的《春暖垂枝密》、南阳市城市管理局王进制作的《桩景花开》等9件作品获得特等奖；郑州市绿城广场吴银娟制作的《生命之源》等49件作品获得金奖；开封市花仙子杨燕制作的《相遇》等46件作品获得银奖；郑州市绿城广场制作的《春来一箭倾心》等19件作品获得铜奖。27日，在南阳市体育场举办"幸福像花儿一样"集体婚礼。30对新郎、新娘手捧月季鲜花，在万众瞩目下举行婚礼仪式、喜结良缘，世界月季联合会主席凯文·特里姆普，世界月季联合会前主席、会议委员会主席海格·布里切特，南阳市领导张富治、宋慧以及南阳市林业局党组书记、局长赵鹏在婚礼现场为30对新人送上美好的祝福。仪式结束后，组织了花车巡游。

月季主题集邮展览。4月26日～5月3日，在南阳市体育场举办月季主题集邮展览，发行《花中皇后　南阳月季》（第六组）邮票邮品，活动现场市民争相购买。现场展示了集邮爱好者结合南阳元素制作的邮票集锦、老月季票、明信片及纪念封、邮票纪念册等。2013年以来，南阳市邮政分公司连续六年发行《花中皇后　南阳月季》邮票共六组，总数1080枚。

月季文化摄影大赛及获奖作品展。4月24日，2018年南阳月季摄影大赛揭镜暨南阳月季摄

南阳第十五届玉雕文化节暨第九届月季花会开幕式

南阳市林业局第九届月季花会月季赠送现场

盆景艺术展

插花艺术展

影大赛获奖作品展开幕式，在南阳市体育中心南门举行。

最美月季公（游）园、最美月季大道、最美月季庭院评比。4月11日~24日，南阳市城市管理局在全市范围内组织开展第三届最美月季公园（游园）、最美月季大道、最美月季庭院评选活动。评选出最美月季公园（游园）10个，最美月季大道10条，最美月季庭院10个。

赏月季爱市花活动。4月26日~5月3日，以南阳月季公园、南阳月季博览园、南召玉兰生态园、卧龙区嘉农农业开发有限公司千亩玫瑰园为主题，组织与会嘉宾、引导广大市民及游客，开展赏月季（玫瑰）爱市花游园活动，利用"五一"小长假赏花旅游。

月季赠送活动。4月17日~24日，在南阳市中心城区共设18个赠送点，向市民赠送月季10万盆。4月17日，南阳市林业局在解放广场举行月季赠送活动启动仪式，现场向市民赠送月季2000盆。这也是南阳市连续6年向广大市民免费赠送月季，深受市民欢迎。通过月季赠送，进一步提高了广大市民爱花、种花意识、参与绿化美化城市的热情，增强了市民参与世界月季名城建设、创建国家森林城市的积极性、主动性。

十、第十届南阳月季花会

2019年4月，第十届南阳月季花会与"2019世界月季洲际大会暨第九届中国月季展"三会合一同期举办。本届大会由世界月季联合会、中国花卉协会主办，中国花卉协会月季分会、河南省花卉协会、南阳市政府承办。4月28日开幕，5月2日结束，会期五天。

参会人员：十二届全国政协副主席、民革中央原常务副主席齐续春，十二届全国政协副主席、民建中央原常务副主席马培华，十一届全国政协人口资源环境委员会副主任、浙江省政协原主席李金明，世界月季联合会主席艾瑞安·德布里，中国花卉协会副秘书长杨淑艳，河南省政协副主席李英杰，世界月季联合会前主席凯文·特里姆普、史蒂夫·琼斯，世界月季联合会前主席、会议委员会主席海格·布里切特，世界月季联合会秘书长德瑞克·劳伦斯，国家林业和草原局生态保护修复司副司长马大轶，中国花卉协会月季分会会长张佐双，河南省花卉协会会长何东成，世界月季联合会副主席、中国花卉协会月季分会常务副会长赵世伟，北京王码创新网络技术有限公司董事长王永民，南阳市委书记张文深，南阳市政府市长霍好胜，南阳市委副书记曾垂瑞，南阳市人大常委会主任刘朝瑞，南阳市政协主席张生起，南阳市政府副市长李鹏、市四大班子有关领导及南阳市林业局党组书记、局长余泽厚等出席开幕式及会旗交接仪式。共有16个国家70余位外宾，国内领导及宾朋600余人参加大会活动。

主体活动：世界月季联合会成员国会议。4月30日，在建业森林半岛假日酒店举办，世界月季联合会成员国代表参加。

中国花卉协会月季分会理事会议。4月29日，在建业森林半岛假日酒店举办，中国花卉协会月季分会理事成员参加。

国际月季学术专业论坛。4月28日、29日、30日，在建业森林半岛假日酒店中原厅举办。威苏和吉里加·维拉格文、贝恩德·韦格尔、吉姆·斯普劳尔、迈克尔·马里奥特、隋云吉、吉尔喆、李淑斌等16位国内外专家，分别以无畏的玫瑰——玫瑰如何跋山涉水走进印度花国、欧洲至美至上的玫瑰园、新型月季的设想创造、大卫奥斯汀的莫园玫瑰'欣喜'、新疆野生蔷薇及其在抗寒月季育种中的应用、月季鲜切花高效环保生产技术集成与应用的价值和意义为题作报告。国外嘉宾及国内部分嘉宾、南阳月季企业代表及林业系统科技人员参加。

世界月季名园（童艳艳 摄）

南阳月季大道

国际月季学术专业论坛　　　　　　　　　　中国花卉协会月季分会理事会议

国际月季学术专业论坛

"月季+乡村振兴"高端论坛。4月29日，在建业森林半岛假日酒店中原厅举行。赵世伟、赖齐贤、杨莹、王波、马提亚斯·梅昂等9位国内外专家，分别以月季产业如何提质增效、乡村休闲农业的机遇与挑战、国际玫瑰谷的一二三产融合、新时代如何打造中国特色的一流月季企业和月季小镇、玫昂月季服务中国生态建设为题作报告，共同探讨月季产业在推动乡村旅游、建设美丽乡村、提升农村文化传承等方面的发展新路径，助推乡村振兴。各县市区林业局局长，主管业务工作的副局长、推广站长、业务技术骨干、南阳月季苗木花卉企业、市直属林业系统科技人员以及对论坛感兴趣的国内嘉宾参加。

南阳市第二届"幸福像花儿一样"集体婚礼。4月30日上午，由南阳市委宣传部、南阳市林业局、南阳市总工会、南阳市妇联、共青团南阳市委联合主办，在南阳世界月季大观园举办了第二届"幸福像花儿一样"汉式集体婚礼，30对新人在现场观众及亲朋好友的注目下，"穿越千年、寻楚风汉韵，花好人圆、品中国味道"。婚礼共分三个篇章：缘起楚汉、以花为媒、情定一生。南阳市委宣传部长张富治致辞，世界月季联合会前主席凯文·特里姆普讲话，南阳市人大常委会副主任刘荣阁致主婚辞，南阳市政协副主席宋蕙致证婚辞。婚礼把月季花和南阳汉文化有机融合，通过挖掘月季的美好内涵，让月季作为新郎、新娘爱情和幸福的见证者；凸显楚风汉韵，展示传统的汉式婚俗文化、服饰文化、饮食文化、茶文化等。通过举办汉式集体婚礼，将南阳月季贴上民族文化的标签，持续提升世界月季名城的影响力，传播南阳传统文化，彰显文化自信。

月季专类展。4月26日～5月2日，在南阳世界月季大观园东园展出，展区造景及节点造景10处，总面积7100m²。展区布局3处，分为造型月季展、盆景月季展、盆栽月季及新品种月季展，面积4100m²。月季专类展评委会对参展作品进行了评选，共评选出北京市天坛公园管理处、北京纳波湾园艺公司等特等奖10个，北京市植物园、北京市园林科学研究院等金奖77个，北京市植物园、北京市天坛公园管理处等银奖108个，北京市西城区园林市政管理中心、北京仙境种植园等铜奖127个。

插花花艺展。4月26日～5月2日，在南阳世界月季大观园卧龙书院举办插花花艺展，以"胜春艳南阳·芳菲畅古今"为主题和月季为主要花材，搭建展棚面积1000m²，展出全国插花大师优秀作品，国内插花大师现场进行插花花艺表演。本次月季插花花艺展的参展作品包括中国传统插花、中国现代花艺、大型花艺创作、玄关插花、西式婚礼场景等5种展示类型。中国传统插花作品《南都行》用虬曲的紫荆表现英雄的豪迈，如玉容颜的"丽华皇后"—月季娇柔美丽，紫荆与月季的巧妙融合，完美展现了中国传统插花的韵味魅力；而灵感来源于老舍先生的散文《我的理想家庭》和辛弃疾的词《清平乐·村居》作品则体现的是淳朴自然

"2019世界月季洲际大会"月季博物画展（王世光 摄）

'海潮之声'月季（吴秀珍 绘水彩，39cm×27cm）

2018年9月26日世界月季联合会主席凯文·特里姆普、前主席海尔格·布里切特、杰拉德·梅兰、中国花卉协会月季分会会长张佐双考察南阳烙画厂并为烙画月季题词。

月季书画

汉式集体婚礼

之美，给人带来耳目一新的视觉美感；《世满芳华》则充分利用多花色月季花材、拉菲草、铜丝等纤维材料，构成高低错落的空间层次，增添了生机和野趣。中国插花花艺协会会长刘燕、秘书长薛立新等专家评委，通过对传统插花、现代花艺、玄关插花和花艺设计四大类101件作品进行综合打分，最终评选出金奖作品6件、银奖作品9件、铜奖作品14件及优胜奖作品27件。其中，王东升、岳广凤创作的传统插花《三顾茅庐天下计》《馨飘宛阳》和孙锦华、施斌创作的现代花艺《南阳之翼》《向阳而生》及宫新爱创作的玄关插花《积善人家》，黄晓昀的花艺设计《崛起》获得金奖，谢明的《醉心的圆舞曲》、江平的《成都故事》和李臣、赵峰合作的《阳瑞祥姿舞中原》获特别奖。

"卧龙杯"盆景艺术展。4月26日～5月2日，在南阳世界月季大观园盆景园举办，共展出各类盆景（月季盆景除外）200盆，其中省外（安徽、湖北、江苏）30盆，卧龙区170盆。经评委会认真评选，评选出边长文、边长武等特等奖10个，朱天才、安顺义等金奖25个，孟文、雷天舟等银奖40个，王明松、雷海奇等铜奖45个。

月季文化展。4月26日～5月2日，在南阳世界月季大观园卧龙书院、盆景园、月季花廊、月季花街A馆二楼展出，分为月季博物画展、月季书画展、烙画展、月季主题集邮展、中外月季文化展5项内容。"首届月季博物绘画展"邀请全国知名博物画家，以南阳月季和中国月季名品为对象，创作博物画50幅，现场进行展示。月季书画展收集以月季为主的书法、绘画作品，从中挑选优秀作品40余幅进行展示。烙画展以月季题材为主，涵盖花鸟、山水、人物等作品200余幅进行展示；南阳市烙画厂利用自己的微信公众平台开展"我最喜爱的作品"评选活动，对参展作品进行评选，选出最受欢迎的作品20幅。月季主题集邮展展出中外月季主题邮票、邮集100框1600片（国际标准展框）。中外月季文化展展出国际、国内及南阳有关月季内容。

十一、第十一届南阳月季花会

2020年4月30日上午，第十一届南阳月季花会在南阳世界月季大观园开幕；同时，举行了"花开南阳·云赏月季"大型线上直播活动。

参会人员： 全国政协常委、国家林业和草原局副局长刘东生，世界月季联合会主席艾瑞安·德布里，中国花卉协会月季分会会长张佐双，河南省林业局党组书记、局长原永胜，河南省花卉协会会长何东成，世界月季联合会副主席、中国花卉协会月季分会常务副会长赵世伟，"绿色中国行"形象大使刘劲分别发表视频致辞。南阳市委书记张文深宣布开幕，南阳市政府市长霍好胜现场致辞。

南阳市委副书记曾垂瑞主持。刘朝瑞、张生起、王毅、张富治、刘树华、孙昊哲、张明体、金浩、李永、李鹏等副市厅级以上领导干部及市林业局党组书记、局长余泽厚等出席开幕式。

主体活动： 针对疫情防控形势，"花开南阳·云赏月季"大型线上直播活动暨第十一届南阳月季花会以"南阳月季·香飘五洲"为主题，采取"网络直播+电视直播+网络互动"模式进行，主会场设在南阳世界月季大观园，分会场设在南阳月季博览园、南阳月季公园等处。活动以爱市花、赏月季线上活动为主，重点举办赏花旅游活动，积极探索运用网络信息技术，联合知名网络平台，力求在"云端"全面展现南阳月季、月季产业、月季文化和城市风貌等，办好网上月季花事活动，持续扩大影响，打造一场线上赏花的南阳月季盛会。

上午9时，赏花活动在歌声《最美的月季是相遇》中拉开帷幕。活动采用云直播的形式，

南阳市林业局党组书记、局长余泽厚接受月季花会专访

"花开南阳 云赏月季"开幕式现场

通过点面结合、多点回传、现场游园赏花与演播室访谈、短片播放等相结合，让观众全方位、立体化地感受不一样的赏花之旅。随着镜头的推移，直播主持人带着网友参观了月季大观园的月季湖、月季大舞台、卧龙书院（月季博物馆）、游客服务中心、月季花廊、盆景园及19个城市展园等项目。当天的直播活动持续4个小时，介绍了南阳月季文化，展现了世界月季名城风采。为了让不能亲临现场的观众通过大型全景式、体验式和互动式的直播活动，更清楚真切地感受南阳月季盛开的迷人风姿，"云直播"特别设置了丰富多彩的看点：南阳月季在国内十二大新媒体平台上绽放、全市九大月季观赏点全景式"云赏花"、嘉宾专家式解读南阳月季花之源、南阳"网红"主播带领游览花之城、原创歌舞呈现南阳月季花之姿、战疫故事讲述南阳月季花之美、诗词吟诵抒情南阳月季花之韵以及抖音话题互动、微信小程序月季仙子变装秀等，让月季的美丽在云端绽放。

以"南阳月季·香飘五洲"为主题的月季花会，是南阳市连续十一年举办的花事活动，也是自"2019世界月季洲际大会"举办以来，参与媒体最多、线上规模最大的一次花事活动。线上、线下模式同步开展，其中"云端"活动有"南阳月季·香飘五洲"第十一届南阳月季花会开幕式、"花开南阳·云赏月季"大型线上直播活动、"月季花开·大美南阳"月季摄影大赛。通过人民网、新华社现场云、百度、百度百家号、国际在线、中国搜索、绿色中国网络电视、中国移动"和"直播、大象新闻、南阳广播电视台新闻频率、新闻综合频道、腾讯、抖音、今日头条、云上南阳、南阳微视、南都在线等20多家新闻媒体和传播平台同步进行。开幕式当日直播点击量达400多万次，发布多条微博动态点击量最多达1500多万次。线下"缤纷月季 幸福城乡"赏花游园活动采取市县联动；同时，开放各县市区月季园，全面展现南阳月季、月季产业、月季文化和城市风貌。

十二、第十二届南阳月季花会

2021年4月29日，第十二届南阳月季花会在南阳世界月季大观园西园月季花岛隆重开幕。

参会人员：第九届浙江省政协主席李金明，中国花卉协会月季分会会长张佐双，河南省花卉协会会长何东成，河南省林业局一级巡视员、副局长师永全，南阳市委书记张文深、南阳市政府市长霍好胜及相关领导，南阳市林业局党组书记、局长余泽厚等出席开幕式；来自北京、浙江、河南、湖北、新疆等10多个省市（自治区、直辖市）60余位嘉宾及企业代表；在宛高校在职厅级干部和南阳市直各单位主要负责人、市劳模代表等参加了开幕式。

世界月季联合会前主席凯文·特里姆普发来视频贺词；张佐双、师永全、霍好胜分别在开幕式上致辞；南阳市委书记张文深和河南省邮政分公司副总经理孙东风为《花中皇后　南阳月季》邮票揭幕；李金明、张佐双、何东成、师永全、孙东风、张文深、霍好胜共同为第十二届南阳月季花会开幕。开幕式由南阳市委副书记曾垂瑞主持。

开幕式结束后，与会领导和嘉宾参观了南阳世界月季大观园。

主题口号及宗旨：本届月季花会以"月季为媒、文化为魂、交流合作、绿色发展"为宗旨，以"南阳月季 香飘五洲"为主题，以弘扬生态文明、促进月季产业发展、打响"南阳月季甲天下"品牌、提升城市品位、提高市民幸福指数为目标，创新办会形式，采取线上与线下相结合的方式举办，时间为4月29日～5月15日。

主体活动：花会期间，重点举办了"花开南阳·云赏月季"——大型线上直播、月季花会演出、"喜迎建党百岁华诞 乐赏南阳月季芳容"大型灯光秀、"月季花开 大美南阳"盆栽精品月季展、"南阳世界月季大观园"杯"魅力南阳新城区"摄影暨短视频大赛等系列活动，全面展现南阳世界月季大观园的风采、南阳月季的卓越风姿、南阳月季文化和南阳新城区建设的发展风貌，打造永不落幕的南阳月季盛会，进一步提升世界月季名城和世界月季名园的知名度、美誉度、影响力和发展力，为南阳加快建设新兴区域经济中心助力添彩，以盛世盛举向建党100周年献礼。

大型灯光秀（王东升 摄）

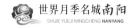

第十二届南阳月季花会颁奖仪式

第十二届南阳月季花会开幕式

南阳月季交流与合作

南阳市积极参加国内外展会活动，进行广泛交流，扩大宣传影响。2001年，南阳月季集团参加第五届中国花卉博览会，该公司承建的室外景点玫瑰园，以其占地面积大、栽种品种数量多、景观效果佳，被评为"最佳创作奖"，这是南阳月季企业首次参加全国花事活动。2005年4月，南阳月季基地参加全国首届月季博览会，荣获金奖4个、银奖5个、铜奖7个，居参展单位之首；南阳市卧龙区成教月季繁殖基地荣获金奖1个、银奖1个、铜奖1个，这是当时南阳市月季企业参展获得奖项最多的一次。2014年5月，南阳市花卉协会组团参加山东莱州第六届中国月季花展，并应邀第一次建设月季展示园。2013年12月，南阳参加海南三亚第五届中国月季花展暨首届三亚国际玫瑰节，南阳市政协主席刘朝瑞、南阳市政府副市长张生起，带领南阳市林业局等单位负责人参加花展活动，宣传南阳月季。2016年4月28日，南阳月季展示园在湖北武汉解放公园揭幕，同时，南阳向武汉赠送树状月季等精品花卉1000余株。南阳市委常委、宣传部长王新会，武汉市政府副市长王立、武汉市委宣传部副部长陈汉桥参加赠送仪式，并为展示园揭幕。2016年6月，南阳参加北京大兴区世界月季洲际大会，南阳市政府致函中国花卉协会月季分会申请举办"2019世界月季洲际大会"，并与世界月季联合会主席凯文·特里姆普、会议委员会主席海格·布里切特进行座谈，请求支持南阳举办世界月季洲际大会；同年10月，世界月季联合会复函同意南阳举办。2016年11月、2017年6月、2018年6月，南阳市政府、中国花卉协会月季分会连续三年组团，参加乌拉圭埃斯特角城、斯洛文尼亚卢布尔雅那、丹麦哥本哈根世界月季洲际大会暨第十八届世界月季大会，宣传推介南阳及南阳月季，学习国际大会筹办经验，与世界各国代表深入交流，诚邀外宾参加南阳大会，并在丹麦首都哥本哈根接过"2019世界月季洲际大会"举办会旗。2018年10月，南阳市委常委、宣传部长张富治带队参加四川德阳第八届中国月季展，深入宣传南阳暨洲际大会筹办情况，并接过第十届中国月季展举办会旗。2019年"三会合一"（"2019世界月季洲际大会"、第十届中国月季花会、第十届南阳月季花会）在南阳如期举办，扩大了南阳对外交流合作。2020年9月、2021年4月，南阳市组团先后参加了安徽阜阳、江苏泗阳县第十届、第十一届中国月季展，建造专题展园，组织南阳月季企业参加室内外月季展评，获得多个奖项，展示南阳月季丰富的品种资源，打响南阳月季品牌。2001年以来，南阳市参加国内外花事活动23次，荣获奖项534项。

南阳市注重加强与大专院校、科研院所开展科技合作，培育月季新品种、推广应用新技术。1990年，南阳月季基地与河南省科学院同位素研究所合作繁育月季，被确定为河南南阳中试基地

2016 年北京世界月季洲际大会南阳展区

（全国五大月季中试基地之一），合作发展月季40～50亩。1995年，南阳月季基地与北京市园林研究所合作培育藤本月季，繁育推广面积300多亩。同时，加强与中国花卉协会月季分会合作建设"南阳国家级月季种质资源库"，与西北农林科技大学合作建设月季实验站。2017年，南阳嘉农农业科技公司总经理龚旭光与郑州大学毕学峰（博士后）合作研发化妆品、食品类衍生品，与中原工学院赵尧敏教授合作研发精油深加工产品、玫瑰精品提取、设备改进、工艺优化及品级提升等。2018年11月，龚旭光与台商达成协议合作加工玫瑰酵素。此外，南阳月季企业加强与中国林业科学研究院、华南农业大学及国内知名月季育种研究机构、企业开展合作，培育月季新品种、研发月季（玫瑰）新产品，不断提高科技水平。

南阳在培育苗木、发展月季产业的同时，采取多种形式，推广交流，传播南阳月季。"中国月季推广大师"的王波，九十年代走出南阳，到北京大兴创业，种植月季，成立了北京纳波湾园艺有限公司，把南阳月季发展到北京，推广到荷兰、德国、法国等10多个国家和地区。南阳市利用节会，建立园区，展示推广。2013年，成教月季基地在海南亚龙湾兰德玫瑰风情园栽植35个品种月季、面积290m²，南阳月季花绽放异彩。2015年12月，上海合作组织成员国第十四次总理会议在郑州召开，卧龙区供应20万株月季栽植郑州市街头，为会议增添靓丽的风景。2017年，南阳在中央党校规划种植树桩月季、古桩月季、花柱月季、花球月季四个类型、420株，提高绿化美化水平。2019年11月，中南海在南阳月季基地引种小古桩月季及红色、黄色、粉色等系列月季品种5000余株，花开中南海。2001年以来，南阳市先后在中国林业科学研究院、山东莱州、北京朝阳、大兴、河南郑州、四川德阳、安徽阜阳建立永久性月季园，展示南阳月季风采。

随着南阳月季产业兴起、月季知名度提升，对外交流合作日益频繁。2000年以来，有欧洲著名园艺家族多米尼克先生（Dominik）、瑞典农业专家皮特先生（Peter）、德国Kemperkoelmann GmbH & Co. KG总裁马科斯先生（Markus）、法国岱笆乐苗圃总经理吉德维亚先生（Guydevillard）、著名香料世家阿涅勒小姐（Agneles）、荷兰著名园艺公司莫尔海姆公司执行总裁路易斯先生（Ruys）、K. KROMHOUT＆ZONENB．V．公司执行董事贝尔·基夫特先生（Bell）、月季育种专家桑德博士（Sander）、欧绿园艺公司执行总裁杨·苔森先生（Young）、月季育种专家尼克尔先生（Nicobarendse）、土耳其客商OKUL夫妇、以色列前农业部部长那夫它理·塞斯林教授（Naftaly）、加拿大恩德利园艺公司阿恩德兄弟（Arnd Enderlein、Jorg Enderleir）、日本COT公司门田哲人先生、CATC有限会社贸易代表小林靖男先生、东海园艺有限会社石田正幸先生、新月月季花卉株式会社社长古川正敏先生、著名园艺绿化公司国华园株式会社中谷幸夫先生、世界著名花卉学者、著名月季种植专家石川直树先生、韩国国际园艺种苗株式会社会长李承智先生等外国知名企业、专家到南阳月季基地、南阳月季集团、南阳月季合作社等地考察、洽谈，建立了长期业务关系。2002年以来，南阳月季企业连续18年出口月季苗木，每年出口量都在几百万株以上。2016年1月，南阳市与郑州航空港试验区签署花卉产业发展战略合作协议，利用郑州航空港将南阳月季等花卉出口到欧洲。12月2日，由欧洲著名花卉集团DUMINK公司订购的南阳月季集团500万株苗木，首次通过郑欧专列直达德国，销往欧洲。自此，南阳月季苗木不但通过海运而且沿着陆路销往欧洲，南阳月季销往世界的道路越来越宽，对外合作交流越来越广。

北京纳波湾

南阳月季产业

　　南阳上承天时之泽，下秉山川之惠，地处南北气候过渡带，四季分明，雨量充沛，气候温润，生态良好，南北植物兼容，古人用"春前有雨花开早，秋后无霜叶落迟"来形容南阳独特的气候，非常适宜月季、玉兰等花卉苗木的生长。南阳月季栽培历史悠久。新中国成立以来，特别是党的十一届三中全会召开，南阳月季作为一个产业起步发展，2010年后南阳月季产业进入快速发展阶段，2021年建成了全国最大的月季苗木繁育基地，全市月季种植面积15万亩*，年出圃苗木15亿株，年产值25亿元，南阳月季苗木供应量占国内的80%，出口量占全国的70%，南阳月季远销美国、法国、荷兰、德国、俄罗斯、日本及东南亚等国家。

　　品种培育。南阳月季品种丰富，色彩多样，种类繁多。主要培育有大花月季、丰花月季、微型月季、藤本月季、地被月季、树状月季、古桩月季等类型；栽培品种有'绯扇''粉扇''希望''绿野'等2000余个；月季色系有白色、黄色、橙色、粉红、红色、复色等10多个色系。南阳月季基地筛选培育的'夏令营''粉扇''卧龙''双藤'等优质月季新品种50余个。南阳月季合作社通过杂交育种、辐射育种、芽变育种，培育藤本月季品种——'藤红双喜''藤和平''画魂'及丰花月季——'彩蝶'等。2017年，南阳市启动月季新品种引进工程，至2021年收集引进名优月季新品种6300余个。

　　规模经营。南阳月季由期初的庭院种植发展到现在的15万亩种植规模，辐射16个县区，年出圃苗木15亿株，年产值25亿元。现有月季花卉企业、合作社、种植大户1500余家，规模在1000亩以上有7家、500～1000亩有23家，市级龙头企业9家、省级以上龙头企业3家，从事月季生产人员超过15万人。

伏牛山中月季红（茹成国 摄）

月季光影

月季规模种植

企业引领。先后成立南阳月季基地、南阳月季集团、南阳月季合作社、金鹏月季等龙头企业，采取"龙头企业+公司+基地""月季合作社+农户""大户+产业农民"等模式，带动月季种植经营由零散农户、小作坊生产向规模化、集团化发展。

技术创新。南阳育苗企业、大户在生产实践中形成一套行之有效的苗木快繁快育技术、月季栽培管理技术，达到国内先进水平。南阳月季集团加强月季切花嫁接、切花扦插苗、大花观赏、地栽盆栽各色系丰花、微型系列培育研究，技术取得多项突破。南阳月季基地制定《月季新品种培育标准》《扦插月季生产技术规范》《月季种苗技术标准》等11项技术标准。制定月季标准化管理体系，2005年通过国家ISO9001质量管理体系认证，并得到荷兰MPS国际花卉认证。在生产中，普遍应用滴灌、微喷、扦插育苗、全自动温室育苗等技术，实现工厂化育苗。

市场营销。南阳月季由种植初期个人推销，到八十年代以来坐拥客户。现建立中国月季交易网，依托互联网优势，专业提供月季品种、实时价格、采购资源和商务信息等服务，带动整个行业走线上接单、线下成交的"O2O"模式，促进升级转型发展。建立了稳固客户来源，每年全国各地慕名到南阳购买苗木；同时，产品远销美国、荷兰、德国、俄罗斯、日本及东南亚国家。南阳月季苗木供应量占国内的80%，出口量占全国的70%。

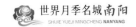

产业融合。做到产业发展与产品加工、生态旅游相结合，利用月季（玫瑰）资源，制作月季花饼、提炼玫瑰精油；借助节会举办，制作以月季为主题的烙画、玉雕、书画等工艺产品；依托月季种植，打造月季产业观光带，建成了南阳月季博览园、南阳月季公园、南阳月季园，发展集月季新品种展示和游、购、娱、餐为一体的生态旅游业，带动群众增收致富，促进一二三产业融合发展。

南阳月季产业发展，引起国家、省领导高度重视以及省内外广泛关注。1999年以来，原河南省委书记（现任国务院总理）李克强、时任河南省委书记陈奎元，原河南省副省长王明义、王菊梅等领导到南阳视察月季产业。2021年5月12日，习近平总书记到南阳月季博览园视察指导月季产业发展。2013年以来，先后有沈阳、淮安、常州、郑州、北京、德阳、阜阳、绵阳等月季市花城市以及新疆库尔勒和静县、浙江海宁、湖北黄冈、河南洛阳等50多个城市组团考察学习南阳月季产业发展和城市月季园林应用。

2021年3月，南阳理工学院外国语学院副教授周小玲等人组成的课题组，以《跨文化传播视阈下地方品牌国际化研究——以南阳市月季产业发展为例》，入选"2021河南省社科联调研课题"。以跨文化传播为切入点，围绕南阳月季文化发展史，月季产业发展史，产业形成、发展、壮大和现状，产业结构，运营模式，科技含量，月季栽培、造景、育种以及新品种，新技术和新应用等方面的推广进行探讨；分析作为月季发源地的南阳却几乎不被世人所知的原因，提出符合地方品牌跨文化传播的策略，拓展跨文化传播途径，探讨如何实现地方品牌国际化，提升南阳城市知名度，促进南阳城市建设及全球化进程。

月季庭院种植

月季园区规模种植

南阳月季集团

盆花月季　　　　　　　　　丰花月季　　　　　　　　　微型月季

月季雕工技艺　　　　　　　　　　　　　　　　　月季企业

世界月季名城——南阳

SHIJIE YUEJI MINGCHENG:

NANYANG

第四章

月季名城　南阳担当

DISIZHANG

YUEJI MINGCHENG NANYANG DANDANG

花开鸟巢（孟照运 摄）

南阳 "世界月季名城"

　　所谓"世界月季名城"，就是在世界月季联合会的指导下，依据世界月季名城建设标准，打造一个以月季科研生产应用及文化为形态，具有国际示范效应的世界月季城市。南阳以发展月季产业为基础，以举办月季花会为引领，以建设世界月季名园、申办世界月季洲际大会为着力点，持续推动世界月季名城建设，用月季美化城市，成为月季融入城市生活的先行者，让南阳因月季闻名于世、享誉世界，成为世界月季名城的引领。

　　南阳市持续不断发展月季产业，提高城市月季景观应用水平，加强月季研发应用，打响南阳月季品牌。2017年3月，南阳市政府制定了《世界月季名城暨特色花卉产业发展实施方案》，经过三年努力，月季名城建设成效明显。一是举办了世界级月季盛会——世界月季洲际大会；二是建成了两大名园——南阳世界月季大观园、南阳月季博览园；三是月季种植规模世界第一，发展面积15万亩，辐射17个县市区，成为全国月季苗木价格晴雨表；四是月季园林应用世界第一，中心城区种植月季1300多万株、600余个品种；五是月季品种引进位居世界前列，截至2021年，全市引进月季品种6300余个。2019年4月28日～5月2日，在世界月季洲际大会举办期间，世界月季联合会授予南阳市"世界月季名城"称号，授予南阳世界月季大观园"世界月季名园"称号。

城市月季花廊

南阳世界月季大观园月季大舞台

南阳世界月季大观园月季花海

南阳月季公园广场

一、高水平建成"一主两副"月季园

通过聘请高水平规划团队设计，组织优质施工企业，经过一年多的艰辛努力，圆满完成2019世界月季洲际大会主题园——南阳世界月季大观园的建设任务，并在园区内规划建设了19个彰显地域特色、蕴含文化内涵的城市展园，形成了月季主题突出、绿树鲜花相映、水系廊道贯通、建筑小品精巧、卫生环境整洁、人文元素突出的精品展示园区，成为南阳靓丽的城市新地标。园区种植月季品种6000多个、150多万株，成为亚洲以月季为主的最大主题园区。改造提升了南阳月季博览园，引进种植月季、玫瑰、蔷薇品种1200余个、10万余株；古桩树状月季10000余株（盆），被中国花卉协会月季分会授予"中国月季园"。加强南阳月季公园建设，种植月季230余个品种、10万余株，提升了建设的档次和水平。

二、高质量提升中心城区月季特色景观水平

按照"一带八脉、6个高速出入市口、13条景观廊道、30个公园游园"总体布局，组织实施中心城区公园游园、道路、内河绿化美化等30个月季特色景观建设提升项目，并以公园游园、主次干道为引领，把增加月季种植延伸到单位、小区、背街小巷，中心城区月季栽植量1300多万株，形成了花团锦簇、姹紫嫣红、五彩缤纷、竞相争艳的城市美景。

在月季景观打造上，对南阳月季博览园、南阳月季公园、月季展示园及周边绿地进行提升改造，与南阳世界月季大观园遥相呼应，在白河两岸形成两个大型月季花卉展示园区。

月季花墙

白河岸边月季香（张海阔 摄）

月季公园

建设位于滨河路与信臣路交叉口东南角的丽华公园，将公园建成以月季景观为特色的城市综合性公园和城市东北片区的门户景观。提升滨河路51m宽生态廊道，增加树状月季、造型月季球、月季花柱、月季花墙等植被，形成错落有致的月季景观长廊。

穿越中心城区的邕河、梅溪河、三里河、十二里河、滦河、温凉河、汉城河、护城河八条内河的滨水景观带，结合内河整治，突出月季特色，配置不同类型、不同花色月季，打造滨水月季景观带。

在南阳市6个高速公路出入市口现有绿化基础上，充分利用匝道区外围、边坡和引线两侧，以乔灌木为背景、简洁大气的月季花海为前景，营造热烈迎宾的气氛；5个高速公路互通枢纽重点在匝道分离处和交会处的三角区域以及挖方路段的路边处，在现有植物的基础上丰富月季种植，增加立体造型。5条干线公路出入市口段10km左右，突出月季特色，营造迎宾氛围。

在13条景观道路建设上，进行月季特色景观提升，力求主要道路的每个交叉口都融入月季元素，成为绿化精品，形成了"九纵四横"（"九纵"：滨河路、孔明路及中州路、独山大道、仲景路、伏牛路、工业路、车站路、北京路、东环路；"四横"：信臣路及迎宾大道、张衡路、光武路、雪枫路）道路月季景观廊道网络。此外，实施屋顶绿化、拆迁透绿、公厕绿化和桥梁绿化，有效增加城市绿量，增浓月季特色景观元素，成为城市绿化的新亮点。

各县市区组织实施"三个一"月季景观建设工程，规划建成一条1000m以上的月季大道、一个面积100亩以上的月季公园和一个规模500亩以上的月季基地，增加县城月季种植数量。同时，组织开展了月季进机关、进社区、进学校、进庭院、进景区活动，推进月季在全市范围的普及栽植，使南阳月季花开城乡。

三、高标准推进月季产业发展

沿S231线中心城区至石桥镇段，采取统一制作标示标牌、统一设计管护用房、统一安装栅栏围挡等措施，对沿线月季基地进行全方位改造提升，共制作安装标识标牌200余个、改造管护景观房170余座、安装铁艺栅栏10余km，打造形成了融月季产业发展、生态景观展示、花卉观光旅游为一体的特色月季产业带。2017年以来，全市新增100亩以上月季基地118个，新增月季种植面积2万余亩。2021年，南阳月季种植面积达15万亩，引种月季品种6300余个。

游园月季应用

道路月季应用（王东升 摄）

庭院月季应用

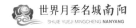

四、高品位提升月季文化软实力

依托南阳丰富的花卉苗木资源和厚重的楚汉文化，倡导发动南阳文化大家、社会各界有识之士，深度挖掘、整理、创作融入月季等元素的玉雕、烙画、油画、小说、诗歌以及服饰服装等文化产品、文化作品，丰富提升南阳花文化的内涵。在城市建设中，营建蕴含以月季文化为主体的科普教育基地、展示馆、雕塑、公益广告等，弘扬南阳月季文化，丰富城市文化内涵。举办好"2019世界月季洲际大会"、世界月季博览会等国际性大型花事活动，持续举办好南阳月季花会、花卉苗木交易展会等国内花事活动，积极组织企业参加国内外相关活动，大力宣传推介南阳月季等特色花卉苗木产业。

南阳月季公园

南阳月季名园展园

一、月季名园

（一）南阳世界月季大观园

南阳世界月季大观园（前期规划建设名称为南阳月季园）位于南阳城乡一体化示范区月季大道南侧，总面积3000多亩，园区种植各类月季180余万株，6000多个品种，汇集南阳本地月季品种，涵盖全国及世界各地稀有名贵月季品种，数量大、品系全、花色多。是国内面积最大、品种数量最多的月季专类园，是亚洲超大型月季主题公园。2019年5月，世界月季联合会授予南阳世界月季大观园"世界月季名园"称号。

南阳世界月季大观园规划两期建设4个园区。一期位于白桐干渠与月季大道交叉口两侧，总面积1543亩，是"2019世界月季洲际大会"核心活动区和月季展示区，2017年10月12日开工建设，历时一年零三个月建成。共分东、中、北3个园区（东园717亩、中园505亩、北园321亩），分为主题体验区、文化博览区、配套服务区、科研生产区4个功能区。东园是"2019世界月季洲际大会暨第九届中国月季展"的主展区、大会开幕式主会场。包含主题体验区和配套服务区，建设有月季湖、月季大舞台、卧龙书院、游客服务中心、盆景园、19个城市展园（包括13个县市区展园、6个外地城市展园）、月季花廊等项目。中园为文化博览区，建设有月季花海、月季花坡、月季廊道等项目。北园为科研生产区，建设科研中心、科研花圃、院士小镇等项目。

二期（西园）位于南阳市月季大道以南，白河大道以东，机场北五路以北，一期以西区域，总

世界月季名园——南阳世界月季大观园

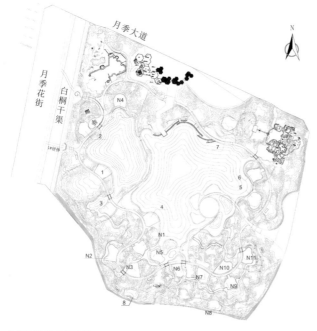

城市展园平面布局图

城市展园布局情况一览表

序号	编号	城市名称	面积/㎡
1	1	南阳市	1349.3
2	2	莱阳市	1123.0
3	3	常州市	1192.7
4	4	德阳市	1412.4
5	5	北京市	1900.0
6	6	郑州市	2990.0
7	7	卧龙区	1424.5
8	8	宛城区	929.80
9	N1	桐柏县	1210.5
10	N2	邓州市	1377.6
11	N3	浙川县	1352.7
12	N4	新野县	1265.9
13	N5	西峡县	1113.2
14	N6	内乡县	1013.8
15	N7	唐河县	1257.2
16	N8	方城县	1014.0
17	N9	南召县	1156.5
18	N10	社旗县	1416.9
19	N11	镇平县	1222.2

说明：编号1~8为城市展园，编号N1~N11为县市城市展园。

面积1529亩，2019年开工建设，历时两年建成，于2021年4月29日开园，并在月季花岛举办第十二届南阳月季花会，献礼建党100周年。

西园自西向东分为S1、S2、S3三个地块，空间布局上以自白河至月季园东园的中央水带为游览序列，分别围绕城市活力区、静态游赏区、主题展示区、滨水活动区、湿地体验区五大内容板块展开景观构建。其中S1地块位于长江路与白河大道围合区域，面积为276亩，主要功能分区为城市活力区，包含运动健身、儿童活动、阳光沙滩等节点。S2地块位于长江路与黄河路围合区域，面积为772亩，主要包含静态游赏区、主题展示区和滨水活动区，静态游赏区位于地块中西部，包含园林宾馆、阳光草坪、绿荫广场等节点。主题展示区位于地块中部核心地带，以月季花岛为中心，布置观赏月季的游线，突出公园的月季主题。滨水活动区位于地块中东部，以月蝶湖为中心，串联滨水活动节点，打造亲水游乐的公园环境；S3地块位于黄河路以东区域，面积为332亩，主要功能分区为湿地体验区，围绕湿地、步棋观星广场布置景观节点，形成滨水湿地体验区域。西园建筑配套齐全，建设有科技大世界、月季文化馆、青少年活动中心、游客服务中心、覆土建筑、园林酒店、商业水街等。

在南阳世界月季大观园东园，结合"2019世界月季洲际大会暨第九届中国月季展"举办，19个城市参与展园建设，每个展园各具特色，都有其独特的设计理念，不但浓缩了地方文化精华，而且展示了地方人文景观，营造出以月季为主题、南北方特色各异的园林景观，充分展示了月季市花各参展城市的地域文化特色、城市内涵、园林风采。"2019世界月季洲际大会"闭幕后，各城市展园分别移交给城乡一体化示范区管委会南阳月季博览中心负责管护永久展出。

·北京园·

北京，西周称"燕都"或"燕京"，是一座有着三千多年历史的古都，是首批国家历史文化名城，月季是北京的市花，月季繁花盛开，蕴藏着自强不息的北京精神。

北京展园位于"2019世界月季洲际大会"主展区城市展园内，在园区东入口，西北侧临湖，紧邻月季大舞台，展园总面积1500m²，于2018年12月~2019年4月建设。展园设计围绕"2019世界月季洲际大会"办会宗旨及主题，以"燕都花韵千里传，一水同迎宛城香"为主题立意，以体现北京皇家园林特色的园林布局结构和形式为载体，通过多种方式展示'大游行''流星雨''蓝色风暴''摩纳哥公主''绿野'等北京各类月季，强调北京月季的姿、香、色、韵四大观赏特性，突出北京月季的文化特色及北京月季品种应用和发展，传承北京月季文化，引领北京月季事业发展。

以线串点，以小见大，在有限的空间里，创造多重园林景致并融入丰富展示内容，园中的建筑、构筑小品则作为点缀。园区南侧主入口连接整个展园主路，以"燕都花韵"刻字景石开门见山表达主题，园内通过一条主游览环线串联形成"邀月妖门""知月桥""竹月廊"等6个景观节点，结合传统元素、风格的构筑小品，展示以色彩、气味、形态、新优自育品种等划分的多个独具北京特色的月季花卉；并充分考虑配景和背景植物品种的选取和搭配，同时以展园为媒介，表达南阳作为"南水北调"中线工程渠首所在地和重要水源区对北京市饮水及用水作出巨大贡献的感恩之情。

园中的"诗香径"蜿蜒小径两侧结合花卉设置景石，上刻月季相关诗文，搭配观赏树状月季、古老月季，展示月季的文化艺术风韵。"知月桥"则通过石桥进行空间的转折与过渡，微型月季、地被月季等形成花溪，穿桥而过。结合刻字文化地雕，展示北京月季大事记，融入北京月季历史文化。而"竹月廊"空间变化多样，结合藤本月季缠绕的月季花格栅、月季花架，形成不同空间的围合、转折与过渡，增加游园的趣味性。

·郑州园·

郑州城市展园位于南阳世界月季大观园的东区（核心区），占地面积约2990m²。

郑州是华夏文明和中原文化的重要发祥地，郑州嵩山"天地之中"历史建筑群更是世界文化遗产。她不仅是佛、道、儒三教的源头，也是三教集大成之地。展园以"繁花绿城"为主题，以现代景观设计手法展示郑州"天地之中"这一浓郁的文化底蕴。依据展园的特点及周边环境布局，通过堆山、理水、筑台等手法，把展园划分为五大景观区域，"月堂影壁"——以法国梧桐和月季为设计题材，借助镂空钢板景墙的形式展示郑州的市树、市花内容；"跌瀑花韵"——游人通过水汀步进入园区，以月季花为元素打造跌水景观，在形式上形成了景观水系的水源；"曲港汇芳"——水系以古典园林理水理念形成蜿蜒曲折的水岸景观，通过钢板浮雕墙的形式

展示"天地之中"建筑群内容，突出郑州文化内涵；"风颂春堂"——挖湖堆山，达到土方平衡，盛春堂选用"双层斗拱"的建筑手法，利用钢构的方式形成展区的核心景观，通过周边种植藤本月季，最终形成一个生态型的景观花廊，体现了生态建园的设计理念；"花海融春"——以月季花为主要植物元素，通过花溪、花田、花墙、花瀑等形式展示郑州月季——市花这一主题。种植有，树状月季、微型月季、丰花月季和藤本月季，桂花、香樟、乌桕、水杉、皂角、鸡爪槭、红枫等。

主要景点有，入口古桩月季、"中"字月季长廊、水汀步、月季诗墙、月季花廊、月季花带等，通过层层递进的空间转换，借助现代造园手法，以郑州市花——月季为载体，以构架、景墙、亭、台等景观设施划分展园空间，营造了园在雾中、廊在绿中、人在画中的秀美园景，展现出"绿城繁花"的美丽画卷，彰显了本届世界月季洲际大会"月季故里·香飘五洲"的主题。

· 常州园 ·

常州月季栽培历史悠久，城市应用广泛。曾于2010年成功举办了第四届中国月季花展，并第一个将世界月季区域性大会引入中国举办，紫金公园因独特的中国古代月季文化获评"世界月季名园"。

常州园以"文享穿月·花伴运河"为主题。以文享桥为主要创作元素，石桥与太湖石假山融合，充分展现江南韵味；以运河两岸江南民居优美布局为创作元素，几何形式栽植各类月季，充分展示月季之美。园内以流淌动感之水的概念，营造运河波涛起伏的空间感受，形成动感、流线型的空间。以月季花墙、造型月季、品种月季等景观搭配各种春季花卉，营造春意盎然的景观效果。"绿韵龙城，花意常州"的印象油然而生。

· 莱州园 ·

莱州园以"月季花都，黄金海岸，生态莱州"为主题，依托莱州地域特色，把剪纸、玉雕、黄金海岸、莱州石材等元素融入园区中，突出当地民俗文化特色。

园区面积1123m²，位于"2019世界月季洲际大会"展区西侧。南、北区位各设两个出入口，南侧临近主路为主入口。在功能分区上，以月季展览、科普教育、国际交流和观赏体验为主导，将展区分为核心展览区、名品展示区、入口广场区、绿荫休闲区、新品展示区和滨水景观区六大特色分区。园区以空间变化、动静变化、季相变化为特色，从铺装、小品、设施、材料、植物配置等方面融合莱州文化与风情，体现出别具特色的莱州月季花都展示区，彰显莱州独特的城市魅力。

· 德阳园 ·

德阳园位于月季大舞台西侧110m，展园面积1000m²。处于观展必经之道和展园密集区，相邻展园10余个。月季作为德阳的市花，通过第八届中国月季展，已得到市民的认知与认同，并渐入人心。

展园以"以花为媒，展示德阳千年底蕴，提升德阳国际认知，让观展游客记住德阳、向往德阳"为主题，呈现德阳千年文明。三星堆——古蜀文明之根，长江文明之源；剑南春——唐时宫廷酒，盛世剑南春；绵州年画——中国四大年画之一，入选首批中国非物质文化遗产。展示了德阳的古蜀三星堆文化、酒文化、年画非物质文化遗产传承、重工文化和现代德阳繁荣发展。展示德阳新魅力，德阳智造国际化、全球化。传承德阳精神，"大德如阳"的城市精神。呈现德阳千年文明、当今繁荣，展示德阳城市形象、内涵，凸显城市文脉和经济发展。

·南阳园·

南阳园建设面积1400m²，是月季大会的观赏核心。以"花开南阳·燃动洲际"为主题，从南阳独特的山水结构、深厚的月季文化及最具代表性的三大城市名片——月季花城、中华玉都、华药之乡三大特色入手，构建出"一山一水""一廊""三名片"的景观结构。"一山一水"是以南阳自然山水脉络为主要展示内容，在展园核心处以层层片石、微地形及静水面等要素，通过微缩景观的手法，将伏牛山、白河进行抽象的表达，象征着南阳优越的自然条件孕育了南阳深厚的历史人文；"一廊"由名为"花都轻韵"的南阳月季自育之路及"花渚临流"，共同构成双层结构，其中"花渚临流"廊抽象于月季花形态，不仅是装饰滨湖景观的艺术品，更为游客提供了休憩空间，成为园区重要地标；"三名片"分别以围绕场地的三面景墙为载体，将重要信息艺术化地绘于墙面之上，对南阳的"月季花城""中华玉都""华药之乡"三大城市名片进行展示。

·内乡园·

内乡园围绕"一座内乡衙，半部官文化"的设计主线，回归园博园展览的本质——通过设计为园艺展示提供一个戏剧化的空间舞台，同时结合景观手法，将园路的抬升与下沉、围合与开敞互相糅合，层层递进，带来丰富的空间感受。

整个场地在营造中，运用了多种抬升与下沉空间的景观手法，在丰富创新形式的同时也带来了良好的空间感受，同时体现出民族建筑文化与自然人文景观运用。园区景观结构沿用了内乡县衙景观结构形式，即"一心两三带"的空间结构。主要分为城市印象入口区、县衙文化展示区、动植物标本展示区、滨水观景休闲区4个分区。植物设计方面，以藤本月季为主，利用立体造型铁架，营造花瓶造型和球状造型的月季雕塑，突出南阳特色的造型月季景观。通过植物增强城市文化记忆与历史文脉的印象，丰富展园内涵。

· 西峡园 ·

　　西峡园以"西峡·龙乡"为主题,以"龙乡好山水,趣味沁芳园"为理念,取"潜龙护巢"之势,将龙身化为"莫比乌斯环"作为园区主游路,居中位置设景观平台,利用立体步道登高之势借景观水,景观步道上利用扶手、地雕等展示恐龙文化知识;龙头入水处,结合西峡山水景墙,为入口主题景墙;中央仿椭圆蛋壳状建筑源自西峡恐龙园的恐龙蛋化石展厅,为西峡恐龙文化展厅,展厅墙壁为360°西峡文化环幕墙和恐龙蛋化石实物展示,外墙做立体绿化及月季立体种植展示。展厅面积约120m²,屋顶高度约8m,立体游览步道宽3m,最高处5.7m,为钢结构。主题展厅及游览步道周边结合游园园路为特色植物种植区,主要是月季特色种植区、侏罗纪植物空间营建区和滨水植物种植区。

· 社旗园 ·

　　社旗园以"繁华古镇、美丽社旗"为理念，从社旗独特的商业古镇文化、酒文化、万里茶道入手，充分利用地形，融合月季元素，在展现古镇文化的同时，展示现代社旗县的发展成果。本次设计在空间上分为"两轴两环五节点"。"两轴"，主轴展示社旗县重点的文化符号，次轴串联古今社旗；"两环"，外环将社旗县具有代表性的建筑名片集中展示，内环着重展现不同颜色不同形态月季的组合景观；"五节点"，中心景观的5个节点以微缩模型手法详细展示社旗县的城墙、酒文化、码头文化。整个园区的景观设计，旨在为社旗的宣传发展作出贡献。

·唐河园·

唐河园选取唐河河流穿城而过的地理特征和唐州八景的文化意向，以流线铺装、枯山水、生态旱溪、曲径园路等园林景观，着力打造场地内流动的水系这一特点。通过起承转合的景观空间划分、加以月季、栀子等特色植物，展现唐河婉转流长的特点，寓意唐河蓬勃发展之势。

起——"形之水"以流线型铺装与挡土墙构筑、寓意水之流动特性，开启入口华章，配合丰花月季打造开放迎宾空间；承——"画之水"特色镂空景墙与后侧枯山水景观意境相得益彰，进入诗画唐河的第二阶段；转——"花意之水"设计生态旱溪结合树状月季、大花月季与地被月季的种植，构筑"花伴流觞"的唯美画卷；合——"境之水"玻璃材质的景墙虚实结合融入唐州八景，结合竹林风韵氛围营造，文化聚焦，汇聚全园水韵端景。

·镇平园·

镇平县拥有玉雕之乡、玉兰之乡、民间艺术之乡、金鱼之乡、阳光草坪、国际玉城等美誉。

镇平园聘请国家一级园林景观设计资质的郑州地亚景观公司规划设计，规划定位——以传承创新为魂，以山水生态为媒，打造具有镇平鲜明特色的主题展示园区；作品定位——弘扬历史人文，展示地域特色；功能定位——镇平城市信息传播窗口。植物配置方面，以乡土植物为主，设计大面积草坪，配合景观理念及空间效果营造，以乔木为骨架，并采用观花、观叶、常绿等灌木组团搭配，辅以花径、花带、花圃各种形式的设计手法，将镇平县各式精品月季融入整个园区，打造出绚烂多彩、季相丰富的特色城市窗口展园。

·裕园——方城园·

  裕园位于南阳世界月季大观园南侧，西邻宛城展园，面积约1000m²。方城县简称"裕"，裕园象征河南人民富裕美好的生活。全园将方城县人文景观加以提炼，缩移模拟串联望花湖、七峰山、楚长城等等，以古典园林风格的榭、亭、廊、湖、石，统一全园风格基调，通过空间的大小、围合、收放、转承、藏露来表达一种感受、一种思想，一个氛围，以多种月季作为主要载体，结合乔木成林、花灌成带的多层次栽植形式，结合场地的开合变化，共同汇聚成一条繁花似锦的属于方城县的"新丝绸之路"。从而营造集月季文化、丝绸之路文化、方城文化三大文化为一体的文化展示园；以园会友、休闲游憩、生态涵养三大功能为一体的休闲雅集园，月季园内以可传承、历久弥珍、风格独特三大特质为一体的经典园林。

· 南召园 ·

南召园占地 1156.5 m²，以"方寸之间、一壶天地，依山傍水、花开花舞"为设计主题，采用艺术化、抽象化的设计手法，去平面化的设计技巧以及丰富的景观设计语言，遵循"构建人文意境、营造植物生境、勾勒场地画境"的设计理念，对南召的自然人文资源进行拆解重构，传递城市信息，对场地进行激活，形成"一园两台、四岛六境"的景观结构。提炼月季花瓣的外形并进行演绎，构建场地本底，形成山水之境，迎合大会主题；抽象城市名片玉兰的花瓣外形，形成流云般的二层空间，彰显展园主题。水的徜徉自然悠长，云的流动轻盈高耸，云水相依，滋养着大地万物，同时也寓意着对南召县的美好祝福，将南召展园打造成为一扇展示南召独具个性的文化窗口，一方彰显南召城市特质的展示舞台，一个代表南召拥抱世界的城市门厅。

· 邓州园 ·

邓州园设计主题为寻垣汲古，花洲耕读，寻城市发展之迹，汲古城文化底蕴，现花洲植物景观特色，扬穰城精神风貌。分成寻垣汲古，花洲耕读两个区域，主要的设计策略有三：第一是，以城墙为线索，利用城墙划分了不同的展示空间，再结合一些坡道的设计塑造多样的游憩体验；第二是，以花洲为基底，通过地形的变化和植物景观风貌，再植入花洲书院深厚的人文内涵；第三是，以月季为点缀，回应大会的展示主题，提升展园的观赏体验。

· 桐柏园 ·

以桐柏县极具特色的山水结构、淮源文化、革命老区、生态文明为切入点，提取其最具代表性的三大城市名片——淮水文化、盘古文化、红色文化，汇聚成"福地灵源，桐柏气象"的设计概念。其中，以怀流浩荡，一脉相承作为展示脉络，以淮水为脉串联起淮渎溯源——盘古开天，淮渎源起；长淮锦绣——长淮奔流，生生不息；淮泽乡梓——淮流哺育，人杰地灵这三大展示主题。

淮渎溯源，以盘古文化为底，用岩石材质构建质朴氛围，追溯盘古之乡的瑰丽历史的石之院；长淮锦绣，以曲折景墙描绘山水画卷，以丰富水景展现淮源文化的水之院；淮泽乡梓，以老区的历史记忆、革命电影素材以及桐柏山特色植物，共同构成以红色文化为主题的花之院。另外再辅以丰富多样的水景元素，以水纹铺装贯穿：石之院的涌泉、跌水及雾喷；水之院的旱喷、桐柏山图水幕墙、雾喷构筑；花之院的地面雾喷。打造淮河之源水汽萦绕之感。突出展园"淮源"特色，加深游人印象。

· 淅川园 ·

淅川园以"山水为形、月季为景、文化为脉，永续为本"的设计理念，从淅川县独特的山水和厚重文化入手，构建了出入口广场区、大坝景观区、溪涧与核心种植区、文化展示区、梯田景观区五大功能分区。以"石缝飞花"景观模拟淅川人在石漠化治理和荒山绿化中艰苦植树的成效，以象形大坝作为水系源头，经过中游溪涧处汇入下游北京团城湖，展现了淅川人民为确保一库清水永续北送的信心和决心。全园以月季文化为主题，以乡土植物为基础，将月季景观艺术表达和月季品种创新展示相融合，通过花灌草的艺术布局，充分发挥植物形体、色彩、季相及园林意境等观赏性的自然美，营造四季常绿、三季有花、步移景异、时移景异的景观效果，从而实现园林造景科学性、艺术性和文化性的统一，绿化功能性和生物多样性的统一，营造既富有区域特征又具有植物景观性的特色展园。

（王世光 摄）

· 新野园 ·

新野园通过对新野文化的深入推敲，在新野县特色元素中获得设计灵感，打造新野文化展示示范区，成就月季展园景观的新特色，从而达到人文展园、魅力新野的设计定位，形成了"遇"——遇见新野之美，"闻"——闻声而探秘，"寻"——探寻渊源故事，"品"——品读新野之韵四大景观结构，分别展现了新野山水印象、三国文化、汉桑城、议事台、新野历史等魅力。根据展现不同的形象，将展园分为：锦绣（入口形象展示区）、水绘（人文体验休闲区）、新韵（历史文化展示区）、花境（多彩花园观赏区）。设计通过以月季为主题，打造一个具有丰富视觉、嗅觉体验的月季花园，以新野文化为主线，打造一个以新野文化为魂的景观印象花园，通过多维度描绘新野韵味，彰显新野地域文化特色，打造自然与文化结合的精致景观展园。

· 宛城园 ·

宛城园在景观设计上以汉文化（汉阙）和"王府山"作为主线，穿插汉代冶铁文化和农耕文化，凸显宛城特色，建设成一处展示宛城风采，凸显宛城厚重历史文化氛围的城市名片。

宛城园位于南阳世界月季大观园南侧，前有淅川园，后邻村庄，东西各是方城和邓州展园，坐南向北。走进宛城园，一片汉风古韵的展园跃入眼帘，汉阙对立，白墙黑瓦，凝重豪迈，于无声处向人们传递着宛文化流韵和"帝乡"的盛世欢颜。宛城园在规划建设上以宛城厚重文化为底蕴，汉文化和"王府山"为主线，将张仲景医药文化和汉冶铁文化穿插其间。在景观设计上，汉文化是主要底色，融

入"古宛城"要素，重点突出"南都""帝乡"风采。此外，展园内的景观灯全部采用古韵风格的造型，古韵古风。植物则有乔、灌、花相结合，多品种月季点缀其中；硬质景观按照"节约型"园林、采用透水混凝土和预埋微型喷灌设施，形成一个凝智飘香的雅集之地。

929m²的宛城展园，用"汉阙""汉画影背墙"和"仲景坐堂""汉代冶铁"主题铜质景观雕塑等谱写宛城先民的勤奋、婉约和智慧。微缩版的宛城标志建筑"王府山"，犹如书写着宛城悠久文化的"书山"。各色景观与热情奔放的月季花交相辉映，向人们诉说着宛城文化的精彩和宛城人民拥抱世界的热烈情怀。

·卧龙园·

"八角草庐"再现卧龙岗上三顾茅庐的历史风云；诗词歌赋，彰显浓厚历史文化底蕴；精品月季，名贵树种，提升园区品味。"2019世界月季洲际大会暨第九届中国月季展"卧龙区展园，用独具匠心的园艺手法，将地域特色、现代风貌与人文景观有机融合，充分体现卧龙区浓厚的历史文化内涵。

整个卧龙园占地1400余m²。走进展园，大门上悬挂的"卧龙苑"牌匾，字体苍劲有力，大气磅礴；入园两棵造型优雅的罗汉松、几个花瓶造型的月季景观分列两旁，似在欢迎游客入内。

"南都帝乡，既丽且康。独山藏宝玉，纳天地灵气；白水谱春秋，衔黄河长江。风物东西交汇，山岳南北脊梁；四时名木荟萃，天下奇葩争香……"门廊一侧的文化墙上，由张兼维题写的《月季赋》，展现了南阳月季名播天下、四海飘香的独特魅力。《卧龙颂》是对卧龙区的区情介绍，让每一位入园的游客都能对区域特点有直观了解。

诸葛草庐是整个展园的中心，将其融入景观之中，为卧龙展园添上了浓墨重彩的一笔。该区域全尺寸复制建造的草庐，让人恍惚间误以为走入诸葛亮的隐居地。入内，但见四面墙壁上由南阳书画名家创作的与三国文化相关的书画作品，浓淡相宜，令人赏心悦目，置身其中，细细品读三国历史文化。

步出草庐，环顾园内，以月季为主题的园林设计，独具匠心，尽显"月季之乡"的风采。古桩

卧龙园（张全胜 摄）

卧龙园（张全胜 摄）

月季、树状月季、微型月季、藤本月季等一应俱全；各色大花月季3000余株，游客置身花海，徜徉其中。'红双喜''天鹅绒'等名优品种令游客流连忘返。

穿过藤花缠绕的月季廊架，平展的石板小路深入花蕊深处；树木葱茏处，溪水静静流过鹅卵石铺就的河道；山、石、松、竹，各色花草、灌木相映生辉。园内各个景观节点相互交融，空间层次此起彼伏、循序渐进，给人舒适放松的自然体验。精心设计的一园一景，悉心栽植的一花一树，无不倾注着卧龙人的心血和汗水。

南阳世界月季大观园承载着中国月季文明和南阳地域文化，是展现南阳、联系世界的月季主题园，是绿色为底、花水交融的山水生态园，是共享盛会、参与互动的全民体验园，是开放合作、平台搭建的科研交流园，对于提高城市园林绿化水平，促进月季产业发展，提升人民群众幸福感，打造生态宜居城市具有重要意义。

（二）南阳月季博览园

位于南阳市北郊，西倚独山森林公园，东临孔明路，与白河国家湿地公园隔路相望，紧临高速独山站，交通便利，位置优越。南阳月季基地2010年10月建设，规划面积3000余亩，总投资3亿元。园区一期建设面积1000余亩，分为名贵月季品种展示园、藤本月季造型园、古桩月季园、月季基因园、盆景月季园、百果园、百鸟园、月季花文化展览馆等。基因品种园30亩，引进精优月季、玫瑰、蔷薇品种1200余个、10万余株；古桩、树状月季园50亩，种植树状月季10000余株（盆），其中百年以上树龄的古桩月季3000余株（盆）；新品种试验园20亩；引进种植其他花卉植物800余品种。园区注重文化氛围营造，搜集许多文人墨客赞美月季的诗句与汉文化融为一体，建成2000m²的月季文化墙；建有汉白玉石雕"月季仙子"，似天女散花，矗立园中。博览园充分发挥龙头企业引领作用，以收集、保存、展示、开发月季（玫瑰、蔷薇）品种为主。2016年1月，中国花卉协会月季分会复函支持月季博览园建设中国月季园。2018年8月，中国花卉协会授予南阳月季博览园"国家重点花文化基地"。2021年5月12日，习近平总书记来到南阳月季博览园，听取当地月季产业发展如何带动群众增收情况介绍，乘车考察博览园，与游客亲切交谈。

（三）南阳月季公园

紧邻南阳体育场，南接邕河，北望独山，占地166.5亩。以月季花田、生态湿地、疏林草坪为主，结合南阳历史文化、月季文化和地域环境，融入"海绵城市"、节约型园林建设理念，构建以月季为主的城市公园。公园分为花海迎宾区、月季观赏区、滨水休闲区、休闲健身区和湿地景观区五大区域。公园栽植观赏乔木和乡土树种40余种、8000余株，花灌木30余种、近万株，地被植物25种、11万株，湿生植物10种、1500m²，种植月季238个品种、10万余株。1000m主环路、3000m次园路、15000m²广场和4000m²人工湖，形成了花海似锦、青草如茵、阡陌纵横，小溪蜿蜒的公园美景。

二、月季展园

（一）中国林业科学研究院南阳月季园

位于中国林业科学研究院科技楼北侧，占地面积500m²。栽植有树状月季、大花月季、微型月季、藤本月季等南阳特色名优月季品种30多个，2013年10月建成。

（二）第六届中国月季展南阳园

2014年5月，第六届中国月季展在莱州市举办。受莱州市政府邀请，南阳市在莱州中华月季园市花月季城市展区建立永久性月季展示园。设计主题为"汉风花韵"。以悠久的汉代石刻壁画为文化底蕴，通过园林组景方式，展示南阳具有代表性的大花月季、丰花月季、微型月季和南阳的古桩月季、树桩月季等，并借助微地形，体现南阳山川秀美、生态优良、得天独厚的月季生长环境。栽培

南阳月季博览园

中国林业科学研究院南阳园

第六届中国月季展南阳园

北京奥林匹克森林公园淅川月季友谊园（王洪连 摄）

品种有特大花型的'粉扇''绯扇'，大花月季'梅朗口红''彩云''金奖章'等，丰花月季'金凤凰''武士''欢笑'微型月季'小红帽'等；同时摆放南阳的古桩月季和树状月季。

（三）奥林匹克森林公园淅川月季友谊园

位于北京朝阳奥林匹克公园南园西侧，毗邻淅川"南水北调"文化展馆，占地面积3.6亩，2015年9月建成。园区以"两地结情、友谊开花"为主题，结合周边自然环境，展示多类型月季在不同环境中的配置，园区中轴线以流畅波浪式模纹图案形成一片花海，栽植月季9308株。其中，地被月季8935株，造型月季'夏令营球'19株，树状月季'粉扇''绯扇'各151株，古桩月季52株。主要品种有'莫海姆''杰斯特乔伊''梅朗口红''红帽子''彩云''蓝河''红双喜''粉扇''绯扇''大红桃'等16个，突出月季的华之美、行之美、色之美，体现"南水北调"中线工程文化源远流长、生生不息，彰显京淅两地因水结缘、友谊情深，以花为媒、永为纪念。

（四）2016年世界月季洲际大会南阳园

2016年5月，世界月季洲际大会在北京大兴举办。应大会组委会邀请，南阳作为全国八个市花月季城市之一，在规划的城市园内建设永久性月季展示园，面积1200m²。由北京北林地景园林规划设计院规划设计，以"花水相融——共享一市花，同饮一江水"为主题，以"南水北调"作为切入点，蕴含南阳与北京以花、水连情的故事脉络。设计分为"源起南阳、花水相融、惠泽京城"三个部

北京大兴2016年世界月季洲际大会南阳园

分，结合景墙、花架、木平台、水景及抽象的水元素等景观为构筑物，升华"南水北调"主题。"源起南阳"应用景观转译的手法，源头、干渠南阳段水线抽象为景墙跌水、地雕等景观元素展示源起的主题。"花水相融"主要利用花坛、铺装、月季等承载主题，通过环抱的铺装形态象征水，并配合花瓣状的月季花坡展示两城花水交融。"惠泽京城"通过水景、小品等展现北京的城市肌理，并运用"碗"作为承载水的容器表达惠泽京城的主题。园区栽植月季10个品种、1260余株。著名作家二月河为园区题名"南阳园"。大兴区世界月季洲际大会执委会授予南阳"室外造园展特等奖"。

（五）第十一届中国际园林博览会南阳园

2017年5月，第十一届中国国际园林博览会在郑州举办。由北京北林地景园林规划设计院规划设计，以"忆城·惜花·传文"为主题，构建自然、朴野、大气极具南阳地域特色的展园。"忆城"——"以城作骨"，将浓缩了南阳汉文化的夯土墙作为整个展园的骨架，形成城垣纵横、大气磅礴的布局基础，引导起承转合的空间游线；同时，通过汉宫苑墙上的汉画与雕刻，展现南阳悠久的历史文化。"惜花"——"以花为底"，通过墙面雕刻，展陈南阳古老月季；同时将丰花月季、微型月季与树状月季进行不同方式的种植，充分展现南阳精湛的月季培育技术与花绽宛城的繁荣。"传文"："文作点缀"，结合历史景观和月季特色，将南阳"五圣"（"科圣"张衡、"智圣"诸葛亮、"医圣"张仲景、"商圣"范蠡、"谋圣"姜子牙）点缀其中，升华景点品质和文化内涵，使"五圣"文化流芳百世。通过夯土墙、月季、"五圣"雕塑等构景要素的组合，充分体现南阳的汉文化、月季文化与"五圣"文化。展园以月季种植为主，栽植大花月季、丰花月季、微型月季、树状月季等30余个品种，树状月季80余株、地被月季及其他类型月季5000余株，形成大花月季与丰花月季大花坡、微型月季与丰花月季花台与树状月季种植池。同时将月季与一、二年生的花卉、宿根花卉与观赏草精品搭配，局部采用花境布置手法，将单一的月季景观进行提升，丰富了展园植物造景。第十一届中国（郑州）国际园林博览会组委会授予南阳园"室外展园综合奖金奖"。

（六）第八届中国月季展南阳园

2018年9月，第八届中国月季展在四川省德阳市绵竹举办。由北京北林地景园林规划设计院规划设计的南阳展园。以"花语间　忆孔明"为主题，突出"花脉文轴"（花脉：看日新月异的月季花廊；文轴：望鞠躬尽瘁的孔明足迹），规划建设"一心"（宛城花海）"两翼"（汉宫流芳、香满国际），做到各类月季展现与园林小品相融合，把南阳与绵竹两地紧密联系起来（躬耕南阳布衣出身，初出茅庐崭露头角，入主蜀地运筹帷幄，尽瘁绵竹死而后已），富有文化特色，意味深长。展园内容包括南阳城市月季文化历史、古老月季品种、生态种植技术、月季新品种及精品展示，种植有树状月季——'粉扇''菲扇''茶香月季'等15个品种、16株，其他月季2000余株。第八届中国月季展组委会授予南阳市"月季室外造园艺术奖金奖"。

第十一届中国国际园林博览会南阳园

第八届中国月季展南阳园

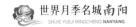

（七）第十届中国月季展南阳园

2020年9月，第十届中国月季展在安徽阜阳举办，应展览会组委会之邀，南阳在安徽阜阳月季展览会主题公园建设南阳展园。南阳展园建设面积1808m²，是进入展会开幕式主会场的门户景观，设计以"千里淮河润宛阜，月季花开同芬芳"为造景主题，按照东部入口、中部、西部三重空间造景布局，移步换景，步移景异，呈现出"淮系宛阜、花城花韵、文脉赓续"等特色优美景观。设计采用月季花坛、月季花坡、月季花岛、月季花溪、月季花境等多种展陈形式，突出南阳本地树状月季、古桩月季、编干造型月季、大花月季、丰花月季、微型月季等特色月季品种50余个；同时，采用控花技术，保证了开园迎宾时月季竞相开放，花团锦簇、姹紫嫣红。经过两个月的精心设计、施工建设，9月26日在展览会开幕之际，南阳园盛装迎宾。

经组委会评比，南阳市荣获月季展园杰出贡献奖、特等奖。大会结束后，南阳园作为永久性景点保留在大会主题园——阜阳翡翠湖公园，成为向全国游客展示南阳月季文化的又一靓丽名片。

（八）北京城市绿心森林公园京宛友谊月季园

京宛友谊月季园位于北京城市绿心森林公园（简称城市绿心）原小满节气林窗内，占地2×10⁴m²，

以月季主题、双城文化、百姓生活为三大特色，打造城市森林中的精美月季专类园。植物设计以京宛两市乡土乔木为骨架，以月季花谷、月季花坡和花廊为亮点，沿路布置精致的月季花境、月季花廊，为月季提供多种展

第十届中国月季展南阳园

陈形式,重点展示南阳的大花月季、丰花月季、微型月季、地被月季、树状月季、藤本月季六大品系、四大色系和30余个两市自育品种。每年夏秋两季,数万株月季竞相开放,呈现花谷寻幽、蝶花起舞、亭台揽胜等特色优美景观。

在月季园规划建设过程中,南阳市林业局积极配合规划设计单位,全方位提供南阳的历史文化、月季文化、月季品种资源、种质资源、花卉产业发展等信息,为融入南阳元素、深化设计方案打下了良好基础。配合月季园施工单位,到南阳优选月季苗木,全力做好服务工作。选送南阳丹霞红景石一块,用于镌刻园名园记。

2020年9月29日,北京市政府副市长隋振江、北京市园林绿化局局长邓乃平、北京城市副中心投资建设集团董事长李长利、首都绿化委员会办公室副主任廉国钊,南阳市委常委、副市长刘建华,南阳市林业局局长余泽厚等领导为月季园揭牌。京宛友谊月季园的建成,不仅是京宛对口友好合作的见证,也是两地人民友谊的见证,对于进一步提升南阳知名度,彰显"南阳月季甲天下"具有重要意义。

京宛友谊月季园建园记

南阳古称"宛"。历史悠久,文化厚重,"四圣"("科圣"张衡、"智圣"诸葛亮、"医圣"张仲景、"商圣"范蠡)故里,群星荟萃。中国优秀旅游城市,世界月季名城,人口1200万。系"南水北调"中线工程核心水源地和渠首所在地。2014年,"南水北调"中线工程竣工通水,甘甜之水自南阳源源不断北送入京,两市因水而结缘。南阳是中国月季之乡,与北京同以月季为市花。"水润京宛,花香两城"。为纪念两市人民之深情厚谊,2020年春,两市决定于北京城市副中心城市绿心森林公园,共建京宛友谊月季园,兹是盛事,特以记之:

花号长春,谱载群芳。

自春徂秋,逐月而开。

荣艳时序,长好朱颜。

时节小满,首夏初归。

廿四星环,小满芳妍。

京宛月季友谊园

坡谷生香，蛱蝶履径。

凭轩寓目，风薰五色。

品类六繁，种属卅数。

水连两城，花开永日。

携手创绿，图展大同。

殷殷为念，世济其美。

（九）第十一届中国月季展览会南阳月季展园

2021年4月28日，第十一届中国月季展览会在江苏泗阳开幕，会期8天。应展览会组委会之邀，南阳在田园边城月季小镇建设月季展园。展园以"楚汉同源，花香两城"为主题，其空间布局模拟汉画星象石刻的折线、圆等符号，运用古拙粗犷的楚汉景亭，结合圆形花坛、折线台地、方形景墙，绝妙表达充盈在宇宙万物间的运动感、律动感，形成二十八星宿的意象空间。南阳展园突出月季花境、月季花坛、月季花带，展示大花月季、丰花月季、微型月季、地被月季、高秆月季、藤本月季等6大类型8大色系30多个品种，形成了宛宛迎宾、烙画景墙、星象花坛、宛月景亭等特色优美景观，成为展示地域文脉、城市形象、楚汉风韵的友谊窗口。

南阳展园建成后得到了主办方和社会各界的广泛赞誉，在16个城市展园评选中，南阳荣获"月季展园金奖"。

第十一届中国月季展南阳园

南阳"最美月季"系列评选

一、最美月季公（游）园、最美月季大道和月季庭院

2016—2018年，南阳组织开展了最美月季系列评选活动。

该活动由南阳市城市管理委员会办公室、南阳市城市管理局主办，活动分为评选推荐和评定考核、公布评选结果和图片展览等。制定评选标准，组织专家对全市范围内的月季公（游）园、配植各类月季的道路景观带、居民小区、机关庭院进行评比，分别评出最美月季公（游）园、最美月季大道和最美月季庭院。

月季公园评选标准：面积20000m²以上；数量在20000株以上，或树状、盆景月季1000株以上；社会效益为游人多，评价好。

月季游园评选标准：面积3000m²以上；数量在10000株以上，或树状、盆景月季200盆以上；社会效益为游人多，评价好。

月季大道评选标准：长度为规则种植1000m以上；数量在50000株以上，或树状月季300株以

南阳月季公园

南阳月季游园　　　　　　　　　　　　　　　　　　月季大道

上；长势好，群众评价高。

月季庭院评选标准：市级园林达标庭院或具备同等条件的庭院；月季占灌木用量比例45%以上；月季种植效果明显，原则上不少于500株。

南阳市城市管理局各涉及绿化单位、各县（区）园林绿化主管部门及市民个人均可参与评选活动。经评委会评定的最美月季公（游）园、最美月季庭院、最美月季大道的主管单位或个人，获得当年"南阳月季花会"荣誉证书。积极参与推荐活动的前50名市民，根据评选结果吻合度和先后顺序，可获得南阳市园林局提供的1~5盆精美月季。

（一）2016年最美月季公（游）园、最美月季大道

2016年4月19日，南阳月季展组委会和河南省插花花艺协会、南阳市城市管理局联合举办"最美月季"系列选评活动。

活动以"月季，城市因你而美丽"为主题，涵盖"月季插花艺术展""最美月季公（游）园""最美月季大道"评选和相关图片展。活动受到社会各界人士的广泛关注与积极参与，纷纷称赞"咱大美南阳，花美城靓，城管部门的养护管理精心细致，公园大道处处如诗如画"。仅4天时间就收到20多家市、县（区）园林绿化部门及千余名居民推荐的材料和图片。根据居民推荐票数、专业评委评选，最终评出10处最美月季公（游）园、10条最美月季大道、2个月季插花艺术作品特别奖和7个金奖。

4月28日，第七届月季花会举办，在南阳市月季园东门举办最美月季游园、最美月季大道图片展。此次活动评出的10处最美月季公（游）园和10处最美月季大道相关图片的11个展板在南阳月季公园展出，月季插花艺术展参赛作品在南阳市体育场一楼缤纷亮相，精彩展示持续至5月3日。活动主办方为积极参与推荐活动的王立臣、张梦征等前50名市民代表，发放1~5盆月季花卉以表感谢支持。

最美月季公（游）园：南阳月季博览园、南阳月季品种展示园、南阳月季公园、迎宾南北游园、南阳梅城公园、白河湿地公园水上运动中心、白河湿地公园中兴园、南阳市体育场馆园、西峡县迎宾南园、内乡县伏牛山地质广场游园。

最美月季大道："银月"大道（孔明北路）、文化路、新野县中兴路、工业路、51m绿化带（滨河东路）、滨河中路、中州西路、内乡县龙源路、光武东路、农运路。

（二）2017年最美月季公（游）园、月季大道、月季庭院

2017年4月17日，最美月季公（游）园、月季大道、月季庭院评选活动启动。4月17日～20日经过评选推荐，4月21日～25日组织专家评定考核，对全市范围内的月季公（游）园、配植各类月季的道路景观带、居民小区、机关庭院进行评比，评出10个最美月季公（游）园、10条最美月季大道和10个最美月季庭院。

经评委会评定的最美月季公（游）园、最美月季大道、最美月季庭院的主管单位或个人，获得"2017年南阳月季花会"荣誉证书。

最美月季公（游）园：南阳月季博览园、南阳月季公园、南阳月季展示园、南阳梅城公园、南阳中兴游园、内乡县菊韵公园、西峡县迎宾游园、南阳如意湖公园、官庄工区翠湖公园、桐柏沈园月季主题公园。

最美月季大道：文化路、孔明北路、光武东路、滨河路、工业南路、中州西路、迎宾大道、卧龙区龙升大道、新野县中兴路、西峡县世纪大道。

最美月季庭院：高新区管委会办公区、光武办事处东华新村小区、南阳师范学院西区、河南中烟南阳卷烟厂办公区、卧龙区委区政府办公区、南阳市农业发展银行办公区、南阳市城区烟草专卖局办公区、龙港花园（卧龙区检察院家属院）、南阳市交通运输管理局家属院、白河国家城市湿地公园办公区。

月季庭院（盛柯 摄）

《南阳月季 香飘四海》金属锻钢雕塑（设计：李鸿伟 题字：史焕全）

月季小镇

（三）2018 年最美月季公（游）园、月季大道、月季庭院

2018年4月11日～24日，在全市范围内组织开展了最美月季公（游）园、最美月季大道、最美月季庭院评选活动。

本次评选活动主题为"月季花开、幸福南阳"。按照"彰显特色、突出亮点、扩大影响、注重实效"的原则，依照月季区域内栽植量大，月季品种丰富、花艳，月季长势旺、少病虫害，园林景观配植协调，群众评议好5项标准进行评定。经过县区推荐、南阳市城市管理委员会办公室、南阳市城市管理局组织专家，进行现场考核等环节评比，评出10个最美月季公（游）园、10条最美月季大道和10个最美月季庭院。

最美月季公（游）园：南阳月季博览园、南阳月季公园、南阳月季展示园、内乡县菊韵公园、唐河县凤山植物园博物馆月季园、西峡县迎宾游园、白河国家城市湿地公园中兴游园、市区河道管理处桂花园、宛城区汉苑游园、卧龙区马武游园。

最美月季大道：孔明北路、文化路、滨河路、迎宾大道、中州路、高新区两相路、卧龙区龙升大道、西峡县世纪大道、新野县中兴路、社旗县建设路。

最美月季庭院：河南工院、南阳医专、南阳市审计局、南阳市党员干部警示教育基地、高新区管委会、南阳市第十二小学校、南阳市第四十一小学校、宛城区天麒家园、高新区光达·宛都名邸、卧龙区东华小区。

月季"三个一"工程

2019年，为举办世界月季洲际大会和创建世界月季名城，南阳市组织开展月季"三个一"工程（一个月季公园、一条月季大道、一个月季基地）建设。

5月22日～23日，南阳市政府组织观摩组深入11个县市，对月季"三个一"工程进行现场观摩评比。南阳市政府副市长李鹏、南阳市政府办、南阳市城市管理局、南阳市林业局，11县市分管副县（市）长、城市建设管理局长、林业局局长、世界月季洲际大会指挥部办公室有关人员参加观摩评比活动。

南阳市政府副市长李鹏对月季产业发展提出明确要求，各县市区要持续放大"2019世界月季洲际大会暨第九届中国月季展"效应，巩固提升"三个一"工程建设成效，助推月季产业健康有序发展。坚持政府引导、企业运作，龙头带动、集聚发展，推动月季产业不断迈上新台阶。持续丰富月季品种，加大引种培育力度，发扬"工匠"精神，下足"绣花"功夫，精雕细刻、精心打磨，提升月季特色景观形象，打造月月有花开、四季花常在，姹紫嫣红、花团锦簇的城市生态美景，为建设世界月季名城增光添彩。

9月11日，经过对全市月季公园、月季大道、月季基地等建设情况的现场观摩、打分综合考评，《南阳政务通报》（第11期）关于"2019世界月季洲际大会暨第九届中国月季"大会县（市、区）城市展园建设、特色农产品消费扶贫暨"三个一"工程建设的通报：西峡、南召、邓州、桐柏、城乡一体化化示范区、方城等6个市县（区），获得"城市展园建设先进单位"。新野、内乡、宛城、卧龙、桐柏、西峡等6个县区，获得"特色农产品消费扶贫展先进单位"。方城、内乡、唐河、镇平、社旗、西峡等6个县，获得月季"三个一"工程建设先进单位。

2020年，南阳市继续实施月季"三个一"工程，不断提升世界月季名城建设水平，持续推动月季等花卉苗木产业迈上新台阶，为南阳建设大城市作出新贡献。4月1日，南阳市林业局制定方案，组织开展督查活动，加快月季"三个一"工程建设进度，全市新建成一批月季大道、月季游园和月季基地。

南阳市绿化委员会办公室组织力量，对各县市区2019年月季产业发展和月季"三个一"工程建设情况进行检查验收；结合近几年来各县市区月季大道、月季公园建设成效，综合进行排名。2020年12月8日宛绿【2020】3号《南阳市绿化委员会关于命名表彰'最美月季大道''最美月季公园'和月季产业发展先进单位的决定》，决定命名南阳市月季大道等10条月季大道为"最美月季大道"，南阳世界月季大观园等10个月季公园为"最美月季公园"；决定授予卧龙区等7个单位为"南阳市月季产业发展先进单位"，并通报表彰。

最美月季大道：月季大道、孔明北路、迎宾大道、文化路、工业南路、龙升大道、西峡县迎宾大道、淅川县荆楚大道、唐河县世纪大道、社旗县建设北路。

最美月季公园：南阳世界月季大观园、南阳月季博览园、南阳月季公园、南阳月季观光园、白河国家城市湿地公园中兴游园、淅川县滨河月季公园、西峡县白羽月季公园、内乡县菊韵月季公园、西峡县黄狮月季公园、方城县阳城月季公园。

月季产业发展先进单位：卧龙区、城乡一体化示范区、方城县、西峡县、淅川县、南阳市林业局、南阳市城市管理局。

月季游路（王世光 摄）

南阳"2019世界月季洲际大会"

一、大会申办

2016年5月19日～21日，南阳参加北京大兴区2016年世界月季洲际大会。期间，南阳市政府向中国花卉协会月季分会递交承办"2019世界月季洲际大会"的申请函，向世界月季联合会主席凯文·特里姆普，世界月季联合会前主席、会议委员会主席海格·布里切特表达南阳争取承办"2019世界月季洲际大会"的愿望。9月8日～11日，凯文·特里姆普、海格·布里切特对南阳市申办情况进行前期考察，听取申办情况汇报，对南阳市申办工作给予充分肯定。10月2日，世界月季联合会发文，同意中国南阳举办"2019世界月季洲际大会"。

南阳申办过程打破了"两个惯例"，一是打破在同一个国家从未连续举办两届世界月季洲际大会的惯例，南阳成为继北京大兴区2016年世界月季洲际大会之后，在中国接续举办"2019世界月季洲际大会"的承办城市；二是打破本应通过会议投票表决确定世界月季洲际大会主办国和承办城市的惯例，世界月季联合会首次通过网络以最快速度、最短时间投票确定了"2019世界月季洲际大会"的主办国和承办城市。

二、大会筹办

2017年2月28日，南阳召开"2019世界月季洲际大会"筹备工作动员大会，中国花卉协会月季分会会长张佐双、河南省花卉协会会长何东成、南阳市市委书记张文深、南阳市政府市长霍好胜参加会议并讲话，对筹办工作进行全面安排部署。南阳市成立了由市委书记任政委、市长任指挥长，相关领导任副指挥长，各县（区）党委、政府主要负责人、市委各部委和市直各单位主要负责人为成员的高规格组织领导机构，拉开了世界月季洲际大会筹办大幕。7月24日，南阳市政府下发《世界月季名城暨特色花卉苗木基地专题工作方案》，借助世界月季洲际大会举办，加快南阳月季产业发展，打造世界月季名城。10月12日，南阳世界月季大观园"主园"开工建设；同时，完善提升南阳月季公园、南阳月季博览园"两个副园"。

2018年4月27日，世界月季联合会主席凯文·特里姆普，世界月季联合会前主席、会议委员会主席海格·布里切特参加第九届南阳月季花会，并召开"2019世界月季洲际大会"筹备工作座谈会，听取工作进展情况汇报，提出意见及建议。6月28日～7月6日，南阳市政府、中国花卉协会月季分会联合组团参加丹麦哥本哈根第十八届世界月季大会，向外国嘉宾介绍南阳筹办月季洲际大会情况，并接过大会举办会旗，这是南阳市连续三年参加世界月季大会，并进行宣传推介。7月2

南阳"世界月季名城"揭牌

日，"2019世界月季洲际大会"外宾注册网站开通运行，外国嘉宾通过网站注册参加大会。9月28日～29日，南阳市组团参加第八届中国月季展，并接过第九届中国月季展举办会旗。

2019年1月3日，主题口号、会徽和吉祥物向社会公布。1月18日，南阳市举办"2019世界月季洲际大会"倒计时100天千人誓师大会。会上，向首批荣获"南阳市月季大师"荣誉称号的赵磊等13位同志颁发荣誉证书，与会人员在誓师长幅上签名留念。

三年来，南阳市市委、市政府周密安排部署，强力推动各项筹备任务落到实处。

三、大会宗旨、主题、口号、会徽和吉祥物

（一）大会宗旨

以习近平新时代中国特色社会主义思想为指导，围绕"以花为媒，文化为魂，交流合作，绿色发展"宗旨，坚持"精彩隆重，务实节俭，安全有序"原则，注重月季产业与国际合作，集中展示中国月季事业发展的新成果、新成就和月季园林应用、标准化生产基地建设水平，深化国际领域月季栽培、造景、育种、文化等方面的交流合作，弘扬月季文化，展示南阳新形象，开发旅游新领域，打造文化软实力，建设世界月季名城，打响"南阳月季甲天下"品牌，努力办出一届高质量、高品位，特色彰显，世界惊艳，精彩圆满的世界级月季盛会，为南阳建设重要区域中心城市作出新贡献。

（二）主题口号

"月季故里·香飘五洲"，寓意一方面突出南阳是月季的故里和发源地；另一方面突出世界五洲因月季而结缘相聚。

大会会徽：以南阳的简称"宛"字，艺术化为祥云，与月季融合而成。会徽中的月季生机盎然，表达了花开南阳、绽放精彩的寓意。汉字"宛"为祥云造型，彰显了南阳是"南水北调"的源头，也是月季的源头，表达了南阳人民与世界各国人民友谊源远流长。会徽简洁生动，内涵丰富，红花绿叶相得益彰，相映成趣。红色寓意南阳欣欣向荣的发展活力，体现了南阳人民热情好客，绿色代表生态环保、宜居南阳，蓝色代表蓝天白云、健康生活理念。

大会吉祥物：以"月季花"为主要原型，并结合"绿叶、浪潮"等造型，运用拟人的表现形式，塑造了一个活泼可爱、活力十足、欢乐吉祥的卡通形象，从而表明了世界月季洲际大会的主题和文化内涵。

四、大会举办

2019年4月28日～5月2日，"2019世界月季洲际大会"在南阳举办，会期5天。4月28日上午，在南阳世界月季大观园举行开幕式。28日晚上，在南阳广播电视台演播大厅举行世界月季洲际大会暨第九届中国月季展颁奖和会旗交接仪式暨文艺演出；期间，世界月季联合会秘书长德瑞克·劳伦斯向南阳市政府市长霍好胜颁发世界月季发展突出贡献奖，中国花卉协会月季分会会长张佐双和书法家彭江向南阳市政府授予"南阳月季甲天下"题词。30日晚上，在建业森林半岛假日酒店举行世界月季洲际大会会旗交接仪式，世界月季联合会授予南阳市"世界月季名城"称号，授予南阳世界月季大观园"世界月季名园"称号，命名王波研究的月季新品种南阳红。

大会期间，共有16个国家70余位外宾，国内领导及宾朋600余人参加大会及相关活动。

主体活动有：世界月季联合会成员国会议、中国花卉协会月季分会理事会会议、国际月季学术专业论坛、月季专类展、插花花艺展、"卧龙杯"盆景艺术展、月季文化展、"月季+乡村振兴"高端论坛、南阳市第二届"幸福像花儿一样"集体婚礼、"2019世界月季洲际大会"全国摄影大赛。

五、大会成效

大会期间，各项活动组织周密，井然有序，精彩圆满，受到国内外嘉宾一致好评。

4月28日，世界月季洲际大会开幕式现场，南阳广播电视台特别节目《听见花开·声动南阳》采访了世界月季联合会官员及专家。

世界月季联合会主席艾瑞安·德布里："月季是真正的世界之花，种植面积覆盖全球40多个国家，品种已经达到数万个，形态千变万化，深受世界各地人民喜爱。感谢南阳这个美丽的地方，为世界月季品种繁育种植推广所作的贡献。"

世界月季联合会秘书长德瑞克·劳伦斯："英语中月季与玫瑰都叫Rose，它最早是沿着古老的丝绸之路，从中国来到欧洲，从英国开始风靡西方。英国人爱月季与热爱中国茶叶一样由来已久。在南阳，看到很多熟悉的月季品种我感到很亲切。"

卢森堡月季专家米雷叶："全世界的月季品种都是交流互通的，现代月季本身就是中西方生物种质基因交流的产物。热爱鲜花，会让人永远青春。希望南阳因为月季而更加美丽！"

这是一次收获满满的盛会。大会期间，南阳处处是花如海、车如龙、人如潮的节日胜景。适逢

2019世界月季洲际大会
WFRS REGIONAL CONVENTION
中国·南阳
NANYANG, CHINA

"五一"长假，566.45万游人乘兴而来、尽兴而归，旅游总收入达32.46亿元，全市游客数量和旅游收入比去年同期分别增长61.74%、61.17%。世界月季联合会主席艾瑞安·德布里饱含深情地说："本次大会华美精彩、无与伦比，是一场引人入胜的鲜花盛宴，更是世界花卉爱好者的盛大节日。通过此次大会，世界各地的嘉宾欣赏到这座城市美丽多姿的景色，更感受到这座城市蓬勃向上的活力，给大家留下了精彩而难忘的回忆。"

这是一次增进友谊的盛会。来自16个国家和地区的外宾、全国49个城市的640位嘉宾光临南阳，在交流互鉴中扩大文化"朋友圈"；策划组织的月季专类展、月季插花花艺展、盆景艺术展、月季文化展、南阳市第二届"幸福像花儿一样"集体婚礼等群众喜闻乐见、参与度高的文化活动，真正让大会成为人民的节日、百姓的盛会；国际月季学术专业论坛、"月季+乡村振兴"高端论坛等活动，八方借智，吸引要素汇聚，厚植发展优势；集中签约项目17个，合同引资额154亿元……大会不仅让南阳的月季事业发展更上一层楼，也为全球月季事业建设者们搭建了以花会友、共谋发展的平台和桥梁。

这是一次永不落幕的盛会。通过举办这次盛会，南阳积累了经验，壮大了产业，更坚定了发展月季事业的信心和决心。集经济、生态、社会、文化效益于一体的月季产业，已成为生态富民的美丽事业、乡村振兴的生态产业，已成为南阳经济转型发展的加速器、群众脱贫致富的助推器。中国花卉协会月季分会会长张佐双说："南阳积极推动以月季为主的花卉产业发展，契合了建设生态文明和美丽中国这一时代主题。相信在高质量建设大城市、建设世界月季名城的生动实践中，南阳月季必将惊艳世界、享誉五洲。"

这是一次展示形象的盛会。月季洲际大会筹备、举办以来，中央、省、市各级媒体持续关注报道，营造了喜迎大会隆重举办的浓厚舆论氛围。会前，南阳利用各类媒体平台开展月季洲际大会外部氛围营造工作，提升大会知名度和影响力。大会举办期间，《人民日报》、新华社等30余家中央媒

"2019世界月季洲际大会"颁奖仪式

"2019世界月季洲际大会"主题花'南阳红'命名仪式（刘玉克 摄）

世界月季联合会主席艾瑞安·德布里在"2019世界月季洲际大会"致辞（王世光 摄）

体、行业媒体、香港媒体参会采访报道。《人民日报》《光明日报》、中央广播电视总台等中央、省、市主要媒体刊发了大会开幕消息；央视一频道、新闻频道并机播出的《新闻30分》栏目内，4月23日~5月2日连续10天投放15秒"2019世界月季洲际大会"官方推介片，为大会进行宣传造势。开幕前，《中国日报》（英文版）专版刊发大会即将开幕和南阳月季文化、月季产业发展的相关内容。开幕当天，首次运用推特（Twitter）和脸书（Facebook）等国外社交网站开展宣传推介，国外阅读量和点击量突破49万人次，2.6万人进行互动，国外网友好评如潮，成为南阳重大节会活动通过国外社交媒体平台开展宣传推介的先例，为南阳月季走出国门开创了良好的外部舆论环境。人民网全网直播大会开幕式暨月季展，阅读量超千万；国际在线利用5种不同语言，分别在5个国内、国际宣传平台进行多语种大会动态信息宣传；新华网等国内重要新闻网站和商业门户网站，以及《河南日报》等省内各主要新闻媒体都运用全媒体方式，全程报道大会开幕盛况。南阳市属南阳报业传媒集团和南阳广播电视台两家主要媒体，更是自大会筹办以来，就组织所属的报纸、广播、电视和网站、新媒体，全程报道记录"2019世界月季洲际大会"筹备推进的每一项活动、每一步进展、每一分收获，在大会举办期间全力以赴做到应报尽报无遗漏、出新出彩氛围浓。

从最初的单纯赏花，到探索花会与市场结合的"以会养节"，到把更多花会活动交由市场运作、循序渐进的市场创新机制，再到经济社会发展等"全面开花"，一路走来，南阳这座让居者心怡、来者心悦的宜居宜业现代化城市，芳泽周边，香飘四海。

以此次盛会为契机，南阳将进一步弘扬月季文化，打响月季品牌，在高质量建设大城市、推进乡村振兴的征程中，高标准打造具有更强国际影响力的世界月季名城，让南阳月季香飘世界、享誉全球。

"2019世界月季洲际大会"开幕式（王世光 摄）　　　月季品种展

月季大观园花如海，人如潮（杨春玲 摄）

世界月季名城——南阳

SHIJIE YUEJI MINGCHENG:
NANYANG

第五章
月季花城　文化南阳

DIWUZHANG
YUEJI MINGCHENG WENHUA NANYANG

千年南阳美　一城月季香（崔峰 摄）

光影里的世界月季名城——南阳

摄影在南阳有着广泛深厚的群众基础，从南阳市摄影家协会等市区县摄影家协会，到各个行业的摄影协会，特色各异的摄影团体、无数的摄影爱好者，举起镜头，聚焦、采集、展现、传播着世界月季名城——南阳的美丽。

摄影艺术也是光影艺术，光线是摄影的生命，光与影构成了摄影语言独特的魅力，而特殊光线所勾勒的景物，更具强烈的艺术感染力。南阳的摄影作品，在全国举办的各种大赛中摘金夺银，获得多项大奖，显示出南阳摄影艺术较高的专业水平和艺术造诣。

月季是深受人们喜爱的摄影对象之一。在南阳，月季是可以全天候拍摄的题材，清晨沾满朝露的月季没有受到阳光的照射，愈发显现楚楚动人的姿态；细雨纷飞或朦胧大雾中的月季更带有几分诗意。摄影者利用清晨、傍晚的逆光、侧逆光，使月季的色泽、纹理、层次与质感充分地表现在影像中。

光武桥晨韵（张思峰 摄）

自有妍姿待客来（组），2019年一等奖（张桂兰 摄）

在南阳专业拍摄月季，摄影家们经常使用微距镜头，尽可能表现月季花朵的内部结构或形态特征，从而捕捉花姿，减少表达花朵周围的景物、环境，或虚化背景，使画面更简洁、更具有视觉冲击力。使用长焦距镜头从远处拍摄一些不容易接近、或有昆虫飞舞的月季。

在南阳，月季摄影已经成为专业和大众拍摄记录月季的普遍现象。2010年以来，南阳历届月季花会都举办月季摄影大赛和优秀摄影作品展，吸引全国各地的摄影组织和花卉摄影爱好者，参与拍摄，角逐大奖。专业摄影者"长枪短炮"比装备、拼实力、展技艺，广大市民和游人则被万紫千红的月季吸引，用单反相机、卡片机、手机拍照，留住与月季同框的喜悦，抓住月季花开的精彩瞬间。

2010年，第一届月季花会摄影大赛和摄影作品展览期间，举行了中国民俗摄影家协会创作基地挂牌仪式。2012年，第三届月季花会举办了摄影大赛和月季摄影采风活动。2013年4月27日，由《中国摄影报社》、南阳市月季文化节组委会、南阳市委宣传部、南阳市文联联合举办的第四届月季花会"月季花城·美丽南阳"全国月季摄影大赛，在南阳市体育场南门启动，来自全国各地200余名摄影界知名人士云集南阳，聚焦南阳月季。大赛一个月时间内，征集全国30余个省、市、自治区的摄影作品7385幅（组），评选出优秀摄影作品86幅（组）。其中，金奖1幅，银奖2幅，铜奖3幅，优秀奖80幅。金奖，张国新《争辉》；银奖，孙少斌《晨雾蒙花辉》、李润《月季城之歌》；③铜奖，宋池峰《闹春图》、李振林《花魂飞天》、徐英伟《新家园》；优秀奖，姜明灯《印象月季》、汪洋《雨中骄子》、徐英伟《一尖已剥胭脂笔》等80幅（组）作品。

2016年4月25日，在南阳月季博览园大门前举行2016年"花中皇后·美丽南阳"月季摄影大赛开镜仪式。南阳市领导刘朝瑞、王新会、程建华参加活动。本次摄影大赛以"花中皇后·美丽南阳"为主题，主要征集与南阳月季展相关的"花展盛况、产业发展、人文旅游、园林风采、花卉造型、多彩月季、领导关怀"七大摄影主题作品。设立五个奖项，其中一等奖1件，二等奖3件，三等奖6件，优秀奖25件，入围奖50件。

独山脚下，2019年二等奖（苏尧 摄）

朝夕常吐芳姿媚（王景丽 摄）

婀娜多姿·千娇百媚，2019 年二等奖（王自强 摄）

夕照如梦·眼中时光（陈东初 摄）

灯光璀璨，2019年三等奖（李四鑫 摄）

花艺（组照），2019年三等奖（王跃奇 摄）

月季大观园夜色·流光溢彩（组照），2019 年三等奖（何景洲 摄）

四时随开度芳辰，2019 年三等奖（张永庆 摄）

月季·让南阳走向世界，2019 年三等奖（杨海慧 摄）

　　2018年4月24日，在南阳市体育中心南门举行2018年南阳月季摄影大赛揭镜暨南阳月季摄影大赛获奖作品展开幕式。南阳市领导张富治、谢松民、柳克珍、南阳市林业局党组书记、局长赵鹏参加开幕活动并为获奖人员颁奖。节会期间，展示了2013年以来以南阳月季文化、产业、应用为主题，近百幅月季摄影大赛优秀作品。

　　2019年4月15日~5月31日，由南阳市委宣传部、南阳市林业局、南阳市文联、南阳报业传媒集团主办，南阳市摄影家协会、南阳网承办，光影中国网协办，举办"2019世界月季洲际大会"全国摄影大赛。大赛征稿主题为"月季花城·美丽南阳"，参赛内容包括："2019世界月季洲际大会暨第九届中国月季展"开幕及相关花事主题活动、月季洲际大会期间"一主两副"月季园（南阳世界月季大观园、南阳月季博览园、南阳月季公园）开展的月季主题活动以及月季景区游览活动、月季进社区、进庭院和在南阳城市建设中的应用，南阳月季文化传承与发展，南阳月季产业发展，南阳月季品种科研开发等活动。4月，由光影中国网组织举办大型采风拍摄活动，来自南阳各县市区的百余名摄影师走进南阳世界月季大观园和南阳月季博览园进行采风创作。天气晴好，波光潋滟，南阳世界月季大观园和南阳月季博览园内在蓝天白云的衬托下更加如诗如画、美不胜收。摄影师们纷纷架起"长枪短炮"，找到最佳拍摄机位，频频按下快门，聚焦园内姹紫嫣红的月季。来自南阳理工学院舞蹈专业的模特身着古装，在月季花海中水袖翻飞、翩翩起舞，宛如月季仙子下凡。摄影师们在光影中国网老师的指导下，争先恐后摁下快门，定格眼前如诗如画、如醉如痴的美人美景。夜晚，南阳世界月季大观园内华灯齐放，尤其是月季大舞台在灯光衬托下宛如一颗盛开在湖畔的巨型月季花，无比娇艳，闪烁的射灯为夜幕下的月季大舞台增添了无穷魅

力，摄影师们又精心拍摄了南阳世界月季大观园夜景摄影作品。大赛历经46天的全国性征稿，共收到摄影作品1388幅（组），单幅作品约5000幅，题材广泛，创作风格各异，形式感强，富有强烈的时代气息。经大赛组委会初选和终评，评选出一等奖1名，二等奖3名，三等奖10名，优秀奖100名。张贵兰《自有妍姿待客来》（组照）作品荣获一等奖；王自强《婀娜多姿、千娇百媚》（组照）、王君丽《大美南阳、月季花城》（组照）、苏尧《独山脚下》作品荣获二等奖；李四鑫《灯光璀璨》（组照）、侯兰英《花伴中国红、温暖百姓心》（组照）等10幅作品荣获三等奖；陈宝香《大观园夜景》、杜惠平《2019世界月季洲际大会——南阳欢迎您》等100幅作品荣获三等奖。

　　"2019世界月季洲际大会"举办期间，淅川县摄影家协会主席王洪连组织8位摄影师组成摄影团队，义务为大会拍摄图片资料。

　　2020年4月30日～5月31日，第十一届南阳月季花会举办期间，30日上午在南阳世界月季大观园，由南阳市委宣传部、南阳报业传媒集团、城乡一体化示范区、南阳网、光影中国网、南阳世界月季大观园联合举办了"月季花开·大美南阳"全国摄影大赛开镜暨大型采风活动仪式，有关领导、嘉宾及来自省内外的摄影师共100多人参加开镜仪式。

　　大赛自2020年4月30日开始征稿至5月31日截稿，历时1个月，共收到投稿作品1277幅（组）。光影中国网专业评审团本着公平、公开、公正的原则，经过初选和终评，评出一等奖1名、奖金5000元，谷雨《全景大观园》（组照）；二等奖2名、奖金各3000元，陈秋月《别有洞天园中园》（组照）、邵新汴《月季花开满园春》（组照）；三等奖3名、奖金各1000元，杜惠平《月季花开在南阳》（组照）、傅同岗《鲜花伴晚霞》、王仓《天上的街市》；优秀奖50名、奖金各

全景大观园（组图），2020年一等奖（谷雨 摄）

200元。

每年从4月中旬到11月，在世界月季名城、"中国月季之乡"——南阳，月季花此起彼伏，以灼灼之势，热闹着整个宛城。每年以月季为主题举办的摄影大赛，是广大摄影爱好者的冲锋号，更是聚集省内外摄影师宣传南阳、推介月季品牌的一次盛会。"2020月季花开·大美南阳"全国摄影大赛举办期间，来自全国各地的摄影爱好者和摄影精英踊跃参与，他们深入南阳各地，用摄影人独特的艺术眼光定格月季姹紫嫣红的美好瞬间，定格大美南阳风采。参赛作品深入挖掘和展示了世界月季名城的独特魅力，向全国推介了南阳月季，营造了"月季故里　香飘五洲""南阳月季甲天下""共建共享世界月季名城"的浓厚氛围，进一步宣传了大美南阳形象，让南阳月季香飘久远。

2020年5月1日，由南阳世界月季大观园、南阳市摄影家协会主办的《美轮美奂南阳世界月季大观园》摄影展，在七一路南阳市委宣传长廊展出。展览分为26个部分，展出10多位摄影家近100幅作品，《南阳日报》对本次影展进行了现场采访报道。

2021年4月29日，第十二届南阳月季花会在南阳世界月季大观园西园新建成的月季花岛盛大开幕，作为本届花会活动之一的"南阳世界月季大观园杯""魅力南阳新城区"摄影暨短视频大赛，同时举行了启动及开镜仪式，南阳月季博览中心主任法聚明、《南阳日报》社副总编辑贺健分别致辞，来自省内外的嘉宾、摄影师和短视频爱好者共200余人参加启动仪式。

本次大赛由南阳市城乡一体化示范区机关工会主办，南阳荣盛新城经营管理有限公司、南阳网、光影中国网承办，主题为"魅力南阳新城区"。参赛作品为2021年1月1日~9月15日期间创作，并在南阳新城区范围内拍摄的作品，国内外摄影家、摄影爱好者、短视频爱好者均可投稿。

本次大赛摄影类征稿设一等奖1名奖金20000元；二等奖3名奖金各5000元；三等奖6名奖金各2000元；优秀奖100名奖金各100元;短视频类征稿设一等奖1名奖金10000元；二等奖3名奖金各

"南阳世界月季大观园"杯摄影短视频大赛

"南阳世界月季园杯""魅力南阳新城区"摄影暨短视频大赛启动仪式

南阳世界月季大观园东园（崔培林 摄）

南阳世界月季大观园西园广场

南阳世界月季大观园西园入口

3000元；三等奖6名奖金各1000元;优秀奖20名奖金各200元；所有获奖作者均获得南阳世界月季大观园年票1张。2021年4月15日~9月15日征稿，9月30日前评选完毕，适时进行颁奖，并举办线上线下优秀作品展。

南阳月季摄影，为镜头里的世界月季名城定格添彩。2013年，南阳市月季文化节委员会、南阳市委宣传部、南阳市文联编著、大象出版社出版发行了《2013年"卧龙杯"全国月季摄影大展作品集》；

南阳世界月季大观园西园燕归巢（组照）

南阳世界月季大观园西园月季花岛

月季花开满园春（组照），2020年二等奖（绍新卞 摄）

别有洞天园中园（组图），2020 年二等奖（陈秋月 摄）

2019年，中国摄影家协会会员、南阳市摄影家协会名誉副主席张全胜编著、中国摄影出版社、中国摄影出版传媒有限责任公司出版发行了《南阳月季甲天下——张全胜摄影作品集》等月季摄影作品专著，不断演绎着南阳月季摄影作品的艺术高度和厚度。2019年4月，世界月季洲际大会举办期间，由王东升牵头主编《绿满南都 花城南阳》宣传画册，书中图文并茂宣传南阳、南阳月季产业及月季文化。在南阳市举办的大型图片展览活动中，月季摄影作品频频靓展，诠释和彰显着世界月季名城的独特魅力。

南阳月季摄影展筹备举办期间，主办单位利用读图时代的优势，在《中国摄影报》、腾讯网图片频道、《中国摄影报》活动在线、《南阳日报》《南阳晚报》、南阳电视台、南阳网等媒体发布征稿启事，并做了大量报道；同时，向周边乃至全国各地上百家摄影组织发出邀请，引起摄影界的广泛关注，吸引外地"影友"来宛采风创作。摄影人积极参与，精心创作，迎日出，送晚霞，用心血和汗水拍出一幅幅精美绝伦的画面。这些画面充分展示了南阳美丽的生态和优美的城市风貌，提升了这座城市在全国的美誉度，留下了美好，留住了永恒。征集评选强调摄影艺术水准，注重体现月季摄影的多元化风格；同时，展览收集了来宛创作的全国著名摄影家作品。

南阳是历史文化名城、全国文明城市、国家园林城市、国家卫生城市、国家森林城市、世界月季名城。在这里，摄影已经成为人们赏游自然园林，记录美好家乡的日常。各种形式的图片展，街头公园、道路两侧、小区里，一幅幅处处可见，林茂草密、花红柳绿、园林湿地、灵山秀水等照片，如绿色的波浪奔涌而来，生动展现南阳大地靓丽的风景。

南阳正在成为全国最大的月季摄影基地，广大摄影爱好者以此宣传推介世界月季名城及月季产业，助推全市文化旅游业快速发展，为南阳经济社会发展作出更大的贡献。

南阳月季博览园（崔培林 摄）

世界月季大观园，2020 年三等奖（杜慧萍 摄）

天上的街市，2020 年三等奖（王仓 摄）

鲜花伴晚霞，2020 年三等奖（傅同岗 摄）

书画里的世界月季名城——南阳

一、月季书画

中国书法绘画艺术源远流长，凝聚着数千年文明的积淀和民族审美意识的追求，堪称国粹。中国书法在字体类型上分为篆、隶、楷、行、草五大类。中国绘画分为人物画、山水画和花鸟画三大类。

随着汉字字体的演变，汉字千姿百态的形体结构为书法艺术奠定了造型基础，并形成了篆、隶、草、楷、行等各种书写体式，为书法艺术的发展开辟了广阔天地。

中国绘画艺术历史悠久，远在2000多年前的战国时期就出现了画在丝织品上的绘画——帛画，早前又有原始岩画和彩陶画。这些早期绘画奠定了后世中国画以线为主要造型手段的基础。这时的绘画是以宗教、神话主题为主的，描绘本土历史人物、取材文学作品，山水画、花鸟画亦在萌芽之态。至隋唐时期，社会政治、经济、文化高度繁荣，绘画也随之呈现出全面兴盛的局面。山水画、花鸟画已发展成熟，宗教画达到了顶峰，人物画表现了具有时代特征的人物形象。两宋时期进一步成熟和繁荣，人物画转入描绘世俗生活，宗教画渐趋衰退，山水、花鸟画跃居画坛主流，极大丰富了中国画的创作观念和表现方法。元、明、清三代山水和花鸟得到突出发展。自十九世纪末引入西方美术的表现形式与艺术观念以及继承民族绘画传统的文化环境中，出现了流派纷呈、名家辈出、不断改革创新的局面。

中国的书画艺术突出线条的美。中国书画中的线条犹如音乐的旋律，是艺术表现的灵魂。中国书法凭借线条的曲直运动和空间构造，表现出时而古朴、时而纤丽、时而端庄、时而灵动的丰富意趣。中国绘画通过线条的变化，墨色的干湿浓淡，描绘出品位高雅、琳琅满目的艺术画作。与西方艺术注重再现、写实以及逼真不同，中国绘画艺术重传神、重写意，在艺术创造过程中，把审美主体的思想情感融入客体。中国绘画艺术讲究形神兼备，既要表现山水、草木、人物的外形，更要传达出他们的精神。通过外在的形象，感悟其中的意蕴。中国书画注重诗文、书法、绘画、印章的结合，同一画卷上呈现出多种艺术形式，彼此衬托，相得益彰。

在中国书画中集中体现中国艺术的民族特色和文化精神。因此说，中国的书法和绘画是中国各种艺术门类中最具民族文化基因和人文特色的表现形式。画家和书法家运用中国特有的笔、墨、纸、砚，通过仪态万方的线条笔触，表现对世界、对自然、对生命、对生活的感悟和理解。

南阳历史悠久，山川秀丽，拥有众多具有深厚文化底蕴的人文景观和引人入胜的自然景观。

四季常放（张亚平　绘）　　　　　　花开月月红（边桂琴　绘）

蓝月季（甘露　绘）　　　　　　　　四季长春（李柯　绘）

2010年以来，在南阳的方城、南召县、内乡县、淅川县、唐河县、卧龙区、鸭河工区等地的浅山丘陵地区发现范围广、数量众多的岩画，仅方城县、鸭河工区境内就有几千处。汉代的南阳可谓百业俱兴，建筑、园林、绘画、雕塑、书法等方面都有新的发展。以画像石、画像砖为载体的艺术佳品，不仅仅代表了汉代绘画艺术的普及和社会化，而且堪称当时艺术的最高水平，很多艺术表现形式至今无人能超越。

　　南阳自古人才辈出，善书者众多，东汉师宜官、张衡（张衡不仅是东汉时期伟大的天文学家、数学家、发明家、地理学家、文学家、汉赋四大家之一，还是一位历史上有名的画家和绘画理论家，他说："画工恶图犬马而好作鬼魅，诚以实事难形，虚伪无穷也"，指出了绘画重在写实的观点。唐代张彦远的《历代名画记》卷三云"衡尝作地形图，至唐犹存"。王伯敏《中国绘画史》载："最早见于史册，能够被称为文人画家的有张衡、蔡邕等。"），南北朝庾肩吾、近代董作宾等，现当代书法艺术不断发展。南阳市书法家协会（原名河南省书法家协会南阳分会）1984年成立，当时仅有会员50人。进入二十一世纪后南阳书法群体不断扩大，书法爱好者自发开展书法社团活动，内乡的"菊潭雅集"、淅川的"墨痴社"、新野的"汉风书社"、南阳的"卧龙印社"都极大推动了群众性书法活动的开展。2009年，内乡被中国书法家协会命名为"中国书法之乡"。南阳现有中国书法家协会会员70余人、河南省书法家协会会员334人。在中国书法家协会主办的各种书法大展赛中，南阳书法家摘金夺银，在书坛影响越来越大，被称为书法的"南阳现象"。自李维入展全国书法第一届"兰亭奖"后，相继有史焕全、王学峰、张青山、汪川博、刘新泽、李峰、陈征、秦朋、袁江涛等9人入展或荣获第二、三、四、五、六届全国"兰亭奖"。在全国第九、十、十一届书

月季（吴冠英 绘）　　　　　　　　月季花（吴冠英 绘）

法展中，20余人入选，4人获奖；并有十余人获得中国书法家协会各类单项奖。涌现出一批在全国崭露头角的青年书法家，作品在全国大赛中屡屡获奖，使南阳书法水平跃居全省前列。2013年，在中国书法家协会主办的24项全国书法大展赛中，就有9人次获奖、39人次入展。2021年9月，河南省书法协会第七次代表大会在郑州举行，南阳市书法家协会主席张青山当选河南省书协第七届副主席。

2020年，南阳有书画院40余个，国家级画家、研究员、特聘画家、一级画家等近1000余名。南阳的书画艺术家们，立足南阳这片具有悠久历史的沃土，就有了南阳书画的味道；历经南阳古老传统文化的浸润，就有了南阳书画的颜色。他们从未放松过对书画艺术的执着追寻和渴求，他们对南阳书画文化专注的凝视、忠实的继承、情切的传递、深邃的思考、恣意的发扬，聚力笔端，用大写意或"泼墨"去驾驭人物的形神，追求凝重而洒脱的笔墨，实现大象无形的笔墨意象，在似与不似、有意无意、可狂失控之间，呈现雄浑苍辣、气韵生动的笔墨语言，抒发意自心生的激情。笔上更加豪放激越，笔走龙蛇，与狂草如出一辙；在用墨上实现扑朔迷离，枯润相辉，笔墨互破，极尽没骨法的妙意。让它成为一种属于独自对话艺术空间和笔墨的语言，让心灵呐喊，让情绪迸发。用突出强化了线的平面设计元素意识，在放开的充斥绝大面积的狭窄空间里，表现一种内在的顽强和沧桑，一种旺盛的生命力和青春气息。聚精会神地精心打造雨露含苞和盛开的月季花；用轻松遒劲的线条勾勒月季的造型；用疏密有致的线条表现月季的优美形态。阴阳相对相生的哲学意识和艺术规律意识在其中发挥着主导的地位意识，有的叶瓣里的线条被忽视了透视和边界，可以扬鞭策马，有的叶瓣里的线条则像园区的栅栏，风也挤不进去的。线面互破的运用，无疑增强了画面的视觉冲击力和跌宕起伏的节奏感。古人有笔墨当随时代和意随时境的说法，因为任何事情都难免受时代形势和环境因素的影响。书画家就是把真实的客观存在和艺术家的主观冶炼化后反映在作品里，让作品更有味道，更能体现形简而意十足，更吻合表现对象的特定历史条件和特征气质。笔运心舞，墨随意洒，借物言志，出神入化！表达南阳书画家的特有风采，表现南阳书画的独具一格。

南阳的书画家们走遍南阳的山山水水，涉足南阳的园景花圃，深入生活，沉入社会，融入环境，摄入美丽，捉住瞬间，寻找南阳那一朵美艳的月季花。在南阳的独山脚下、白河畔、卧龙岗、诸葛草庐、公园、道路旁、月季园里不断捕捉月季花的身影，置身花海，点缀花丛，构思巧妙，寓意深刻，大气磅礴，尽显南阳山川之妙，突出南阳月季之美。洋洋洒洒，溯月季之渊源，显宛都之美丽，展文辞之华美，扬意蕴之恢弘。

笔舞月季迎盛会，书画名城美艳花。2019年4月24日，"月季盛会 大美南阳"书法、摄影大赛启动，在世界月季洲际大会期间，面向社会公开征集优秀书法、摄影作品，旨在借助月季盛会展示南阳经济建设成就，传播南阳地域文化。

大赛由南阳市委宣传部主办，南阳报业传媒集团、南阳市文联承办，中原银行南阳分行协办，6月27日，大赛圆满收官。大赛征集作品围绕"以花为媒、文化为魂、交流合作、绿色发展"，突出南阳"花""玉""药"特色。历经两个多月，共收到书法、摄影作品200余幅，经评委对入围作品逐一审核投票，书法作品入选15幅，产生一等奖1名、二等奖3名、三等奖4名、优秀奖7名，每人分别获奖5000元、3000元、1500元、500元；摄影作品入选26幅，产生一等奖1名、二等奖2名、三等奖3名、优秀奖19名，每人分别获奖3000元、2000元、1000元、500元。南阳青年书法家秦朋荣获大赛书法组一等奖；二等奖，张建、龚永杰、朱晓伟；三等奖，刘石磊、张浩、赵成安、龚桂生。摄影组一等奖由风潇潇兮摘得桂冠；二等奖，孙少斌、吕莹；三等奖，崔培林、李艳、刘克。

本次大赛为书法、摄影爱好者提供了交流的平台，获奖作品积极向上、风格突出，充分展示了

鸿运当头（吴菲 绘）

花开四季（李宝玉 绘）

黄山云起（裴亚林 绘）

听雨（刘嘉诚 绘）

青山谿山幽居图（朱登峰 绘）

月月香（赵河 绘）

摄影、书法艺术的独特魅力。

翰墨飘香歌盛世，丹青亮彩写华章。2019年1月27日，由南阳画院主办的中国首届"月季杯"书画大赛颁奖典礼暨第二届月季杯书画大赛启动仪式，在南阳知府衙门博物馆举行。河南省道教协会副会长孟应仙、卧龙区副县级干部王新华、南阳独山玄妙观吴宏生道长、南阳画院院长曹永刚等出席颁奖。

"山阻石拦，大江毕竟东流去，雪压霜欺，月季依旧向阳开。"大赛力求用民族的形式，传统的色彩，艺术的思维，装点南阳月季之乡这个广阔的平台，创作出更多反映人民群众生活、深受人民群众欢迎、无愧于时代的优秀作品，助力南阳月季文化事业大发展、大繁荣。

大赛项目包括绘画、书法，中国画等。这次活动吸引了许多艺术爱好者踊跃报名参赛，收到作品近千幅，参赛作品风格迥异、创意鲜明、各具特色，展现了南阳书画爱好者充满活力的艺术创作激情和健康向上的精神面貌。经过层层公平公正的网络评选，杨万良、裴亚林获得一等奖；二等奖，张晓、王晓华、王玉娟、李敬松；三等奖，白峰、闫真贞、郭志伟、唐全宝、高雪菡、郭垚。

2020年1月1日，首届月季杯书画大赛获奖作品在南阳知府衙门博物馆院内南阳画院展出，此次展出作品百余幅，均来自南阳画院的艺术家，作品以多样的风格和多元的话语，诠释了广大老师

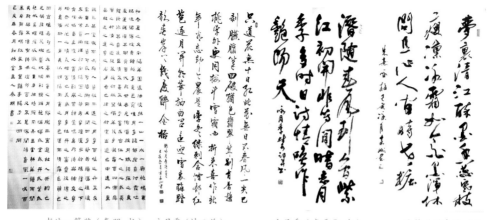

书法一等奖（秦朋 书）　　　咏月季（诗二首）　　　咏月季（李秀华 书）　　　咏梅（刘嘉斌 书）
　　　　　　　　　　　　　　（李长周 书）

南阳月季　世界瑰宝　　　　　　　　　（张浩 书）　　　　　　　　自悟（李宝玉 书）
（韩春阳 书）

对生活的热爱和领悟。作品正、草、隶、篆，笔力非凡或置阵布势、临见妙哉，作品传承创新、相得益彰，笔随时代、墨见精神，充分表达了对月季盛会的美好祝愿。

中国旅游电视网、CN旅图栏目组、中国映象网、大中原在线、综治广角正义之声、南阳纪实、南阳视点等网络媒体在线同步直播。

"2019世界月季洲际大会"举办期间，南阳油画院还在南阳世界月季大观园卧龙书院举办了月季油画展。

巨幅长卷破记录，共谱盛世《月季赋》。2019年4月28日，由南阳"画家村"画家王志强协同联合举办的《月季赋》百米长卷画展，在中国月季园开幕。《月季赋》重彩中国画长卷总长度约120m，宽度2.1m，经世界纪录认证官方审核，该作品荣获世界记录认证机构（WRCA）颁发的"世界最长重彩中国画月季长卷"世界记录证书（证书编号NO.WRCL903）。

南阳师范学院、南阳市宛城区宣传部、南阳市美协、南阳市文联、南阳市画家村，以及书画

家、文化学者、南阳师范学院教师和志愿者等600余人参与开幕式，共同见证《月季赋》百米长卷走向全国，走向世界。

王志强，《月季赋》画卷作者，职业画家，字紫山，人称"月季王"，中国当代书画名家协会理事，国家一级美术家，南阳师范学院创新创业导师。2018年10月，为迎接"2019世界月季洲际大会"，王志强联合南阳书画家和文化学者，决定共同创作一幅百米月季长卷《月季赋》。画卷以"一人执笔，多人参与"的形式进行，创作历时3个月完成。王志强主笔绘画月季；国画《牛》的作者"真牛张"、中国扶贫开发协会书画院副院长张继山创作九头牛；南阳"画家村"村长郑嵩山创作画卷中黄鹂、和平鸽和部分场景；诗人周涛为长卷撰文；书法家孙文兴书写《月季赋》；文化学者聂振弢题跋。

为尽可能全面精妙地绘出"花中皇后"之美，书画家们查阅大量资料，了解了世界各国的近万个月季品种，并前往月季培育基地，仔细观察各个品种在花色、花瓣、叶形、长势等方面的不同特性，琢磨作画技法。作品以月季为主体，记录了世界名贵月季二百余种，运用国画重彩技法和西画油画技法相结合，生动描绘了世界名贵月季的风姿卓绝和高贵华丽，世界名蝶及花鸟的点缀使画面更加生动。其中穿插南阳地域文化、生态文化、历史文化等，例如南阳"五圣"文化，历史遗迹楚长城，地质遗迹恐龙，汉画砖，宝天曼生态旅游区，"南水北调"渠首，南阳高铁、黄牛、香菇、猕猴桃、山茱萸等。

《2019世界月季洲际大会》月季油画展

　　画卷运用综合技法，以中国画技法为主体，运用了中国画中的多种"皴"法，同时巧妙借用西洋画的色彩与体积感等表达方式，使画面更具真实感和艺术感。将重彩泼墨、大写意、小写意、工笔技法融为一体，使画面重托浅、冷对比、暖对比、相邻色、相近色、反衬、互补、勾线穿插、色块渐变等艺术效果更具感染力。运用的多种"皴"法，包括锤头皴、披麻皴、乱麻皴、芝麻皴、大斧劈皴、小斧劈皴、卷云皴（云头皴）、雨点皴（雨雪皴）、弹涡皴、荷叶皴、矾头皴、骷髅皴、鬼皮皴、解索皴、乱柴皴、牛毛皴、马牙皴、点错皴、豆瓣皴、刺梨皴（豆瓣皴之变）、破网皴、折带皴、泥里拔钉皴、拖泥带水皴、金碧皴、没骨皴、直擦皴、横擦皴等。因此画面的色彩层次和节奏感异常突出，色彩艳丽、对比强烈、连贯性、生动性，构成了最亲切的月季画卷。

　　画面生动有趣，色彩绚丽夺目，绘画水准高超，细节栩栩如生，气势恢宏，富贵华丽，用笔洗练，意味虔勇，笔笔有新意，朵朵花鲜活，墨色淋漓，意象活泼，笔势娇健，篷勃焕发，一派险奇，观之顿觉机杼独具，笔墨韵味独到，艺术效果奇俊。

　　整幅长卷以月季为明线，以本土文化元素为暗线，二者紧密结合，既有花鸟、名蝶、山水，还加入了"南阳五圣"、卧龙岗、医圣祠、西峡恐龙、内乡宝天曼等古今名胜，使南阳风采跃然纸上。朱红、明黄、靛蓝、绛紫、浅粉、淡绿等上百种色彩在勾、皴、点、染等繁复笔法中，变幻出帧帧绚丽景致。枝枝月季或群舞于山涧，或簇拥于石旁，或摇曳于水边或匍匐于地表，繁而不杂，艳而不俗；间或飞过几只水鸟、蜂蝶，顿时点活画面，妙趣横生；隐约而现的本土标志性建筑，与山水花鸟相得益彰。整幅长卷恢宏、生动，由远山碧水、繁花轻草铺就的水墨背景呈现眼前，色彩与层次的晕染过程中采用大量的叠加方法，因此画面的色彩层次和晕染异常丰富，色彩艳丽，对比强烈，连贯、生动，成为绚丽动人的生活美景，集诗书画于一体的"月季交响乐"。

　　借助2019年在南阳举办世界月季洲际大会，南阳的书画家用饱蘸热情的笔端触摸月季的神

月季赋（王志强等　绘）

韵，用立意揭示月季的博大，用神采表现月季的绮丽，用艺术展出月季的旖旎，用浓墨浸染月季的清新，用笔画线条勾勒月季的傲骨，用篆、隶、楷、行、草传递月季的雅韵芳华，用皴、染、浓、淡、湿，挥洒月季的姹紫嫣红。以极大的创作热情，以满腔的家乡之爱，以最短的准备时间，创作出内容丰富艺术高超的月季书法和绘画作品。展示了博大精深的中国传统书法绘画艺术的精湛，彰显了南阳深厚的月季文化艺术和世界月季名城的独特魅力，使历史悠久的月季文化传承、深沉厚重的月季文化积淀尽现纸面，使源自中国的月季与书画艺术相映生辉、熠熠闪光。

工艺美术传神韵。南阳烙画、南阳玉雕不仅具有非常高雅的观赏性，更具有极其珍贵的收藏价值，是享誉中外的收藏佳品。工艺大师们在南阳历届月季花会上，创意制作月季作品，用非凡的工艺艺术，展现烙画和玉雕艺术的独特魅力。南阳市烙画厂用精湛的工艺，为"2019世界月季洲际大会"制作烙画会徽、吉祥物和月季烙画，为世界月季联合会和中国花卉协会月季分会赠送烙画会徽。南阳市玉器厂，为"2019世界月季洲际大会"制作会徽、吉祥物和玉雕月季。在全国青少年集邮活动示范基地南阳油田第三小学陶艺班，学生们用自己动手制作的陶艺月季，献艺月季盛会。

二、月季博物画

画笔描绘科学，科学呈现艺术。博物绘画，亦称自然艺术绘画。是以自然界的动植物或矿物等自然物实体为描摹对象，用人工技巧展示图像化自然世界的一类绘画。博物画是人类观察自然的结果，也是人类了解自然、与自然沟通的媒介。

博物画不仅是科学与美术的载体，也是二者融合的一个特殊画种，在博物学研究、教学和科学普及多个领域中起着十分重要的作用。博物学家常常用文字来表达和描述其研究结果，而博物画家则用绘画手段形象地、富有艺术感染力地再现植物的自然形态和某些内在的细微特征，弥补了文字描述中所难以表达的形态性状。

博物画在中国有着悠久的历史，宋代唐慎微《证类本草》、明代朱棣《救荒本草》和明代李时珍《本草纲目》、清代吴其濬《植物名实图考》等大量古籍中都附有为辨认植物而绘画的插图。

明清时期的广州，曾一度作为中国唯一对外通商口岸，吸引了为数众多的欧美植物学家、园林植物爱好者和西洋画家。十八世纪末至十九世纪中叶，他们除了大量搜集中国植物种类，还雇请并培训了不少广州画人绘制植物画。这些水彩画作品作为外销画出口欧美各国，从而使广州成为了"西学东渐"的前沿，这是我国最早的、以博物画形式出现的、为现代植物学研究服务的植物科学画和雏形。十九世纪中叶鸦片战争后，这些广州画人走向了上海和香港等一些开放的口岸，继续在传播着这一博物画种。

二十世纪初，随着秉志、胡先骕、陈焕镛等植物学家先后留学归国，正式拉开了我国现代植物科学研究的序幕。江苏宜兴冯澄如先生凭着扎实的绘画功底在北平静生生物调查所（现中国科学院动物研究所和植物研究所）成为了中国专业从事生物科学画的第一人，他作品无数，并于抗日战争期间回故乡江苏宜兴开办江南美术专门学校生物画专修科，培养了一批从事生物科学绘画的专业人才。

作为博物画之一的植物科学画，是以植物为对象，以绘画为手段，对植物物种整体形态或局部形态特征进行精确描绘的特殊艺术表现形式。植物科学画，描绘的不是某一朵花，而是某一种花，记录的是物种的永恒，代表了整个物种。

幻（吴慧莹 绘，水彩，52cm×35cm）

天坛荣光（杨绮 绘，国画，50cm×50cm）

火和平 'FlamingPeace'
（吴秀珍 绘，水彩，57cm×39cm）

戴安娜和伊丽莎白女王（贺亦军 绘，水
彩丙烯，56cm×38cm）

绿云（陈钰洁 绘，水彩，42cm×3⋯

繁星天荷
（陈东竹 绘，水彩，38cm×28cm）

摩纳哥公主 'Princesse de Monaco'
（朱立杰 绘，水彩，36cm×26cm）

帕特奥斯汀月季
（邢欣欣 绘，水彩，38cm×27.⋯

金辉
（余汇芸 绘，水彩，彩铅，
42cm×29.7cm）

绿萼
（杜一平 绘，水彩，56cm×38cm）

粉扇月季
（陈小芸 绘，水彩，
76cm×56cm）

一枝独秀
（戴越 绘，水彩，56.5cm×38.5cm）

漩涡月季
（黄智雯 绘，水彩，28cm×19cm）

海神王月季
（于媛媛 绘，彩铅，42.1cm×29.8cm）

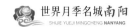
　　"2019世界月季洲际大会"月季博物画展于2019年4~5月，在南阳世界月季大观园卧龙书院（月季博物馆）举办。展览由"2019世界月季洲际大会"组委会、中国花卉协会月季分会、南阳市林业局、月季集邮研究会、南阳世界月季大观园共同举办、中国邮政集团公司南阳市分公司协办。5月23日，月季博物绘画竞赛作品展在北京世界园艺博览会国际馆B馆开展，展出月季博物绘画作品58幅，展期20~30天。展览由2019年北京世界园艺博览会组委会主办，中国花卉协会月季分会、月季集邮研究会承办。

　　自2018年5月画展征集启动，至2019年1月，共收到来自全国博物画家的作品80余幅，经过认真评选，入选作品的博物画家有19位、作品50幅，其中优秀作品8幅、入选作品42幅。第十九届国际植物学大会植物画展主评委、2019年北京世界园艺博览会特聘画家、当代植物科学画泰斗、著名邮票设计家曾孝濂为本次画展选送了荣誉展品《月季科学画》，并担任画展主评委。他长期不遗余力推广博物画，悉心培养新生代绘画者，为中国植物科学画的薪火相传、发扬光大，做了大量工作。

　　为筹备世界月季博览会月季博物画展，2019年9月，大会筹委会、中国花卉协会月季分会、南阳市林业局、月季集邮研究会，在全国范围开展了首届世界月季博览会月季博物画作品征集活动，得到曾孝濂先生和夫人张赞英女士，以及其他博物画家的大力支持和积极参与，曾孝濂再次担任主评委。据截稿统计，有43位博物画家参与创作，共收到作品91幅。作品初评结果公布后，已进入复评阶段。因疫情影响，大会延期，作品征集评选及展览一并顺延。

　　月季博物画展是中国花会和世界月季联合会历史上首次举办的月季植物画展，同时是2019年北京世界园艺博览会举办的，世界园艺博览会历史上的首次月季手绘展览，开辟了中国和国际园艺展会，月季专题植物画展的先河。画展精选中国博物画家、植物科学画家的原作精品，是以月季为对象，对当今中国植物绘图成就的全面检阅和展示。

　　通过举办月季专题博物画展，透过画家们斑斓的彩笔，让人们闻到芳香四溢的满园月季，感受到格调高雅的艺术精神。让这一真实描绘大自然的画种，以其高雅、朴实的品位逐渐走进社会、展馆和家庭中去，普及月季知识，弘扬博物文化。为中国博物画、科学画走向世界，为世界月季故里"玫瑰圣经"的诞生，发挥引领和推动作用。2019年4月28日上午，世界月季联合会主席艾瑞安·德布里在南阳世界月季大观园卧龙书院（月季博物馆），参观"2019世界月季洲际大会"月季博物画展，听取世界月季联合会副主席、中国花卉协会月季分会常务副会长赵世伟对月季博物画展的情况介绍，并对月季博物绘画的高水平表示赞美。南阳"2019世界月季洲际大会"月季博物画展，对弘扬传播月季文化，推动我国月季走向世界具有重要意义。南阳市政府和中国花卉协会月季分会、月季集邮研究会向世界月季联合会赠送月季博物画作品——月季博物手绘（作品由博物画家李聪颖绘画并签名钤印），世界月季联合会主席艾瑞安·德布里接收画作后，深表谢意，并称赞："南阳举办了一届非常精彩，令人难忘的月季博物画展。"

胡里奥奥月季（李小东 绘，
水彩，57cm×39cm）

文学艺术里的世界月季名城——南阳

一、南阳文学艺术史略

　　南阳作为中国楚汉文化和三国文化的重要发源地，"绵三山而带群湖，枕伏牛而登江汉"，自古为四方交通要冲，历来是兵家必争之地。是中国著名的历史文化名城，以"物华天宝，人杰地灵"闻名于世。南阳，曾经在中国历史上的第一个文化高峰——汉代雄居一方，显赫当时，创造了璀璨的人文遗迹。古代文明源远流长，文化积淀丰厚，在过去的数千年间成为政治、经济、文化昌明繁荣之地。悠久的历史，丰厚的文化，连绵的沃土，孕育出南阳众多的杰出人物。南阳历代文人墨客以他们的聪明才智，握笔著言，行文论述，创造了灿烂辉煌的南阳文学艺术，以不同的题材内容和表现形式，创造了经典传世的文学艺术作品，为中国文学艺术的发展作出伟大的历史贡献。

　　汉代是中国文学艺术的繁荣发展时期，西汉时南阳杜衍（今南阳西部）杜氏家族先后有十余人

南阳行政中心市民广场

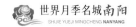
官至二千石以上，其中杜周、杜延年、杜钦、杜业等都历任机要之职，久典朝政，在政务活动中写出了大量的表奏书记类文章。尤其是杜钦，少习经书以才能闻名京师。在任大将军王凤幕府期间，多次上书要求刷新政治，擢用贤良，他奏记王凤的十余篇文章都能简明扼要地分析问题，提出可行的对策，文风朴素，简洁实用。到东汉，南阳乘帝乡、陪都之利，文风昌盛，人才辈出。据统计，在谭正璧编著的《中国文学家大辞典》中，收录、介绍的东汉南阳作家有11位；逯钦立辑校的《先秦汉魏晋南北朝诗》中收录有东汉时南阳7位诗人的作品；而清代严可均《全后汉文》，在第12卷中录存20位南阳文人的大量辞赋、散文作品。作为我国历史上第一位儒生出身的开国皇帝刘秀，提倡儒学，"留意斯文""加意于书辞"，对南阳乃至整个东汉文学的繁荣起到有力的推动作用。刘秀本人留下的一些诏令、书信，如《临淄劳耿弇》《与严子陵书》等，也颇有文学价值。

南阳历代政治经济的繁荣，推动了文化的繁荣，文学艺术的高度发展。诗赋文学形式多样。采集于民间的乐府诗，是社会大众文学的代表也是汉代文学普及的体现，一大批诗人、辞赋大家的出现，代表了汉代文学艺术的繁荣。如辞赋大家张衡，他的《二京赋》是汉赋的长篇极轨，《温泉赋》《思玄赋》《归田赋》等抒情小赋为辞赋发展开辟了新境界。张衡与司马相如、杨雄、班固并称为"汉赋四大家"。著名诗人有朱穆，散文作家有延笃、刘毅、刘苍、刘珍、左雄、刘复、张衡等，他们是汉代文学繁荣的重要力量。

南阳适宜人居的自然环境和先进的政治经济文化，也使这里成为历代文人墨客追逐向往的地方。史书中可以查到的历史上各个时代游历南阳的名人或南阳本地人所书写南阳的著名篇章有170余人，近300篇佳作。这些名篇佳作，成了南阳宝贵的人文财富，丰富了南阳历史文化名城的内涵。

南阳古代的文人墨客不胜枚举，佳作美文数不胜数。这种优秀的文化传统不仅影响了一代又一代南阳人，而且也造就了南阳浓郁的文化氛围，使南阳这块土地孕育出一批又一批小说家、散文高手、诗人……他们以自己的聪明才智和创造力，为祖国的文学长河注进了潺潺清流。在当代南阳散

文界，创作卓有成效而且负有盛名的当推周同宾、周熠、廖华歌和王俊义。专事散文创作的周同宾已经出版了《葫芦引》《情歌·挽歌》《绿窗小品》《皇天后土》《周同宾散文自选集》《古典的原野》等文集。其中《遥远的风景》由《中国文学》（外文版）译成英法文介绍到国外。《皇天后土》获全国首届鲁迅文学奖，《情歌·挽歌》获河南省优秀文学艺术成果奖。廖华歌出版了《华歌集》《蓝蓝的秋空》《微雨霏霏》《泥路的春天》《七色花树》《廖华歌散文自选集》等散文集。评论家石英在一篇文章中写道："华歌的散文作品抒情色彩极浓，但她的抒情、叙事、思辨各种成分有机结合，浑然一体。""坚贞不渝地追求生活中的美并不吝心力弘扬这种美，构成了廖华歌散文的主旋律。"在南阳散文界，人们这样评价：周同宾的散文以叙事擅长，周熠的散文透着文化气息，廖华歌的散文以抒情为主，王俊义的散文富有哲理。

在当代南阳诗歌界，出现了以周熠、廖华歌、汗漫等为代表的一批诗人，他们在诗歌领域，积极开拓，大胆创新，写出许多佳篇妙语。周熠的诗集《夏雨与雪思》、廖华歌的诗集《梦痕》、张克峰的诗集《大地的影子》、汗漫的诗集《片段的春天》等，显示了南阳诗人的实力。在《河南文苑英华·诗歌卷》中选入了周熠、廖华歌、张克峰、窦跃生、汗漫等诗人的作品。纵观古今南阳文学，作家灿若繁星。南阳作家的大量文学作品，在于激发人们热爱家乡、热爱南阳的炽热情感，推动和促进南阳文学向更深刻、更广泛的方面发展。

二、月季文学

（一）语言艺术类

1. 小说名篇

市花富民，幸福来。2020年大型文学期刊《莽原》第5期推出南阳作家殷德杰、水兵创作的扶贫题材长篇小说《第一书记》，获得2020年度"莽原文学奖"。

山村十三道湾紧邻丹江，是"南水北调"中线工程的源头和渠首所在地。作品以豫西南宛西市林业局刘国梁担任十三道湾村扶贫第一书记为原型，他结合当地实际，打造乡村文化旅游、发展山村产业，带领村民种植月季和猕猴桃，养殖小龙虾，推出漂流、农家乐。当老支书对全村种植月季心存疑虑时，作者利用专家解答的方式介绍了南阳月季产业："宛西是中国月季之乡，气候、土壤都适合月季成长，当地品种丰富、品质优良，再加上这些年的引进培育和对野蔷薇改良，古桩月季、多色月季已成为品牌，月季苗木基地也成了全国最大的生产基地和出口基地了……"。

通过月季等产业的实施，在扶贫干部带领下，当地群众用三年时间将一个极度贫困落后的山村建设成为富裕美丽新农村的脱贫攻坚故事，生动呈现了脱贫攻坚如火如荼的图景，展现了干部和群众的鱼水感情，彰显了新时代新青年在脱贫攻坚战中的责任担当和时代风采。

2. 专著出版

南阳市委、市政府始终把月季做为推动产业发展的核心动力，鼓励企业、院校、科研院所及各类人才，积极参与月季相关科学和文化研究，在林业、城市管理、园林和区县等政府部门的组织指导下，出版了多部影响中国和世界的月季专著。

李文鲜种植月季始于1980年，虽然他只有初中文化，对培育月季一窍不通，但他肯学习，买了很多有关月季的报纸、杂志和书籍潜心钻研并在实践中摸索，很快就掌握了月季的种养技术。

随着事业的发展，李文鲜思考最多的是，怎样才能在现有基础上使月季生产再上台阶？技术！只有依靠先进的科学技术同他多年摸索的"土方法"相结合，采取"走出去请进来"的创新之路，才能在月季生产上实现突破。于是他请来老师讲座，派出员工学习，带领员工钻研种植技术，在月季品种嫁接、花苗扦插、地栽盆栽苗培育、树状月季培育、微型月季苗生产等技术上取得了多项突

地厚根深（余章留 摄）

卧龙潭（陈秋月 摄）

破，并主持编写了"百花盆栽图说丛书"《月季》分册。2004年1月1日由中国林业出版社出版发行，书中分为11个部分，全面介绍了南阳月季的形态结构、生长习性、繁殖栽培、观赏应用等，图文并茂，集科学性、知识性、实用性为一体，展示了南阳月季的产业发展成就和科研成果。

2018年5月，王东升主编的《南阳市林业志》由中国林业出版社出版发行，该书记载了南阳月季产业、月季文化、园林应用，以及月季在美好城市、美丽乡村和南阳生态文明建设中发挥的作用。

2019年4月，为以世界月季洲际大会为契机，向世界呈现中国月季故乡的文化底蕴为方向，在世界月季联合会支持下，中国花卉协会月季分会、"2019南阳世界月季洲际大会"筹备工作指挥部、南阳市林业局、月季集邮研究会组织，张占基、王东升、胡新权编写了《月季文化》一书，由中国林业出版社以中英文分别出版发行。周小玲、丁东翻译的《月季文化》（英文版）获得2021"翻译河南"工程优秀成果三等奖。为中国月季树立了标志，开启了世界月季史上的里程碑，为世界月季作出了中国贡献。

3. 征文活动

2012年5月8日，在卧龙区石桥镇举办了中国月季之乡（石桥）第三节月季文化节。文化节期间，组委会从3月初开始，进行了为期两个多月的美文、书画征集，著名作家二月河先生欣然题词祝贺，"南阳作家群"部分名家周同宾、行者、廖华歌等，乔溪岩、马绍堂、刘奇、姜光明、张兼维等书画名家用手中椽笔赞月季、普华章、绘锦绣。书画、美文征集活动，得到省内外各单位和各艺术协会的大力支持，众多作家艺术家们积极参与，北京、山东、河北、四川、江苏、福建、山西、湖南、吉林、江西等地的名家也踊跃来稿，共收到200余件。石桥镇也举办了"爱家乡·爱月季"作文竞赛，收到稿件5000余篇，广大师生们怀着对家乡深厚的感恩和热爱之情，写文章，抒心声。这些作品从不同角度集中展示了南阳丰厚的月季文化和深厚的人文底蕴。2012年4月，南阳《躬耕》杂志特出版"第二届月季文化专刊"，展示和保存月季文化文学艺术成果。

在月季花会中，南阳的文学大家们，咏月季、颂月季、赞月季形成一篇篇脍炙人口的文学佳作。

为迎接南阳"2019世界月季洲际大会"隆重举办，营造浓厚的月季文化氛围，《躬耕》杂志、《南阳日报》《南阳晚报》《南阳晨报》等媒体，连续开设专栏。《躬耕》从2018年11月第十二期至2019年5月，集中刊发一批融入月季元素、彰显月季内涵、描绘月季倩影、抒写月季情怀的诗歌或散文作品。南阳日报为共襄盛会，反映南阳人爱家乡爱市花的情怀，面向社会各界征集与月季有关的艺术作品，包括诗歌、散文、楹联、书法、绘画、照片等，不定期择优刊登。

月季楹联

南阳是历史文化名城，文物古迹、人文景观众多，楹联文化厚重。南阳楹联学会、南召县诗联学会、卧龙楹联学会和红叶联社、西峡灌河诗联社联合举办"中国·南阳世界月季洲际大会"征集楹联活动。共收到作品近500幅，部分佳联在《南都晨报》等媒体刊登。

> 花开月季香天下
> 水碧白河润宛城
>
> ——杨仝璋

南都月季红，笔蘸烟霞，喜描花盛富民景

北楚洲朋聚，绿襄发展，共创春稠馥世歌

——郑国敏

月季名城，迎来盛会芳香醉

南阳美景，舞动新风绿色歌

——杨玉汉

八百伏牛添异彩，月季铺春，嫣红姹紫惊寰宇

千年古宛展新颜，花潮映日，笑语欢歌颂泰和

——冯晓光

月季飘香香万里　南都植绿绿千重

——崔文臣

观玉观江观月季　品牛品酒品文章

——廖显斌

月季三春迎盛世　神州四序乐容颜

——袁文定

楚地山川，山山水碧川川秀

南阳月季，月月花开季季红

——水瀛涛

风吹月季，姹紫嫣红行阆苑

雨打空灵，诗情画意入蓬莱

——徐继明

月季散文

石桥看月季小记

早听说石桥镇月季花的绚烂，曾把广袤大地铺展成万顷锦缎。

阳春三月召唤，一群爱好操弄文字的人，呼朋引类要去看花了，好让憋屈在城市的心身得以放松，效仿举下陶彭泽"久在樊笼里，复得返自然"。

在乘车前往的路上，我心里就姹紫嫣红开遍，一下子想起了许许多多有关花事、有关色彩的高端形容词，也就是说，还没看见花，心情就美丽了。

进入月季园（应当叫月季田，大田里的月季是当庄稼种的），却没见月季花，只看到枝叶披覆的月季苗和高干挺拔的月季树，凝聚着丰富绿色，蓬勃着盎然生机。枝头擎满花骨朵儿圆滚滚的、鼓胀胀的、尖尖的顶端依稀露出丝丝胭脂色、玛瑙色、琥珀色、鹅黄色、鸭绿色、茄紫色、赭石色、柠檬色、荸荠色……这就活活地注释着含苞待放的意思，还引人想起情窦将开的意思，或如美人咕嘟着小嘴儿似乎马上就要开颜嫣然一笑。在田间穿行许久，终于看见两朵绽放的月季花，一朵金色，一朵鸡冠色，俱比拳头大，层层叠叠的花瓣喜气洋洋地盛装迎人，似在用清新的带着香味的声音说道"抱歉，诸位来得有点儿早，见不到姐妹们，我也遗憾。"或者，她俩像大观园里的史湘云，有点儿性急，不听节令管束，就提早展开了笑靥；或许，她们是遍野月季的信使，先给世人报告个消息：好景致在后面呢！

在英语里，玫瑰、蔷薇、月季（甚至月月红、刺玫等），都是rose，只不过月季叫chinese rose（中国玫瑰）。记得莎士比亚说过："玫瑰很美，不要忘了它有刺。"月季有刺，妙就妙在有刺。布满枝干的利刺表明，美是有尊严的，不容侵犯的，可观览而不可亵玩的。这就显出了品格。月季的美是源于草根阶层的野性的青春的美，使人想起《红楼梦》里的晴雯，虽为奴婢，却无奴性。生活于草民中的李时珍，在《本草纲目》里就写道"月季，处处人家多栽插之。"相较月季，牡丹的美近于媚，俗气、富贵气太重，似乎天生与普通百姓无缘；'魏紫''姚黄'之类不是都出于官宦之家吗？还拿《红楼梦》里的女子作比，牡丹应是金陵十二钗里的薛宝钗，虽为主子，却是纲常礼教的奴隶。欣赏月季花，不要忘了它有刺。锋芒凛然的月季不仅给人愉悦，还给人以做人做事的启示。我甚至想说，月季乃百花中之鲁迅先生，"没有丝毫的奴颜和媚骨"。这么说，就几近伟大了，令人敬仰了。

看一次蓓蕾期的月季，说一番仿佛匪夷所思的话，自认为不算荒唐。等着吧，再有月把天，这里将是五颜六色，万紫千红，浓艳的芬芳，斑斓多姿的花的合唱，无边无际活泼的诗情画意。若再看，可能会想起另外的话。

（周同宾）

石桥点滴

石桥真是个好地方。

春日迟迟的时节不风即雾，独那一日我们去了石桥，阳光明媚得好生非常，心中眼里的所有事物也都美好得发痴。

我喜欢这里，喜欢正在"走去的"月季园—月季是石桥的名片，是石桥特有的美的符号。我们一行人边看边说，我脚步零乱欢快，笑声不断，只是一心只想着赶快开花这一件事的月季们，没有

听见任何声音。

它们静静的，我却老走神。

关于它们的话题仿佛长得像时间一样无始无终。石桥月季是目前我国最大、年产品畅销量最多的种苗繁育基地。此足以说明很多很多，无须再一一赘述个中难以想像的从育苗到花开的艰辛过程。所有的美都是要付出代价的，至美的东西惟有用深痛巨创才能换取！石桥是一片平实神奇的土地，要不，别处为什么就不能够生长出这么多这么优质的月季呢？

虽然，从审美的角度，大花小花一样静美，但月季那颇具"花中皇后"之尊之风韵的优雅，还是让人深感它那花朵大、格局大、一年长占四时春的非同寻常的花期。

在石桥，花已非惯常所谓的风花雪月之意，花是很重大的事物！原本藤蔓的月季突然骨力铮铮，站成了一棵棵花树，就那样威武温情着，方阵般高擎起一朵朵五颜六色的花，花朵提升后的高度，给每一次仰望的目光写满了期待。

今年天冷，月季开得晚，要是再等半个月来，那才真叫好看哩！这儿，那儿，高头，低处，一眼望不到边，全都是花呀！风一吹，摇得你也被花牵着走了。园子里的人指着含苞待放及偶尔已努力绽放枝头的三几朵花，自豪而不无遗憾地说。

而我却觉得这时候来看花最好，如此正是另一种的美。川端康成不是说了吗，万花盛开不若一花。从另一种意义上讲，他是对的。

可不可以说，这些月季让生命完成了从美走向更美的一次蜕变？

那就继续开花吧，开出有别于昨天的新花，要知道，花这个领域同样深广无涯。

（廖华歌）

又闻石桥月季香

没去石桥之前，心想那里一定很美。大凡有桥便有水，小桥流水人家，已令人足够陶醉，又闻石桥是闻名遐迩的中国月季之乡，试想桥水相连，花朵辉映，那是何等的雅致和惬意。虽未成行，心中却神往已久。

对于月季，并不陌生，它被誉为"花中皇后"，因其传统花色多以红色为主，也是美好生活的象征，故多受人们抬爱。儿时在乡下，院中庭前，无论情趣之人，还是忙碌人家，或多或少都要种上几盆月季，花团攒动，暗香盈动，犹如山水绘画的浓墨重彩，仿佛书法作品的几枚闲章，肆意点缀着村落，也宣泄着乡间的美丽。如今久居闹市，生活忙碌，空间狭小，无心也无意侍弄那些无关紧要的月季。偶尔在注重环境美化的小区内，也可难得一见月季的芳姿，那一刻，仿佛沙漠望见绿洲。

之前对于石桥的接触，只是匆忙之中的穿镇而过。去年五月初，因参编外宣书籍《魅力南阳》的需要，与几位摄影家专程赶往石桥拍摄几张月季的图片。当我站在月季万花丛中，被周围星星点点的花朵所包围，目不暇接兴奋不已！但见五颜六色姹紫嫣红的月季，沾满露珠娇艳欲滴，或单支独放，或簇拥争春，沐浴阳光随风摇弋，在青枝绿叶映衬下，格外妩媚动人雍容华贵。索性闭上眼睛，嗅嗅月季散发的芳香，聆听枝叶舞动的声响。此时此刻，真想邀三五好友，沏一壶好茶，手释一卷诗文，花中而坐，赏花喝茶，岂不是快哉乐哉！

此景此情，我不由想起宋代诗人赵师侠那首歌咏月季的名词《朝中措·月季》"开随律琯度芳辰，鲜艳见天真。不比浮花浪蕊，天教月月常新。蔷薇颜色，玫瑰态度，宝相精神。休数岁时月季，仙家栏槛长春。"古往今来，在诗人的眼中，世间万物总是天造地设富有韵味，就连进入寻常百姓家的月季，也是那么婀娜多姿，并赋予活灵活现的人格魅力，这也许就是对月季及其内涵最好的评价。

然而，最让我惊奇并吸引眼球的是，在这里见到了只闻其名不见其形的树状月季，它属于月季栽培史上具有创新改良划时代意义的品种。你看那粗壮笔直的枝干之上，顶端簇拥着五颜六色的月季，犹如一把把撑开的花雨伞，肆无忌惮绽放在蓝天白云之下，煞是美丽！也罕为奇观！倘若树状月季遍布盛开于城市街道两旁，那一定是道道最为亮丽的风景，人们赏花闻香而过，脸上必将洋溢着快乐幸福的笑容。

望着眼前广阔无垠的千顷月季基地，我在想，石桥缘何能成为中国月季之乡？这除了土壤气候与百姓辛勤有关之外，还有没有与众不同的地方？这时，我不由想起从石桥走出的名人，那就是一代"科圣"张衡，在中国历史上，张衡是一个勇于创新敢为天下先的人物，郭沫若先生曾对其高度赞誉："如此全面发展之人物，在世界史中亦所罕见。"姑不论张衡的文辞歌赋和绘画成就，但就他所发明的地动仪、浑天仪、计里鼓车等，无不站在时代创新的前沿，无不与黎民百姓的安危息息相关，全部深深打上创新的历史印记，作为财富和精神，必将激励后人永留青史。

于是，心中有了答案。石桥同为张衡和月季的故乡，张衡创新精神就是石桥月季一举成名的法宝。时至今日，石桥月季在创新中求辉煌，带动一方百姓致富奔小康，成为继张衡之后，石桥对外宣传又一金光闪闪的名片。应该说，创新就是石桥月季的根和魂，这是张衡创新精神在古镇石桥的延续。倘若先贤张衡地下有知，定会含笑天地之间。

阳春三月，春光明媚，而今又闻石桥月季香。伴随着第三届月季文化节举办日期的临近，它的花香，它的文化，还有创新精神，一定会走出南阳，走向全国，香飘世界。

（李远）

春风化雨待花红

我的印象中，石桥是一个人杰地灵而又很有故事意蕴的地方，张衡墓、扳倒井、鄂城寺塔……这里，既有"科学巨匠"生死轮回的长眠之地，又有体现人心向背的民间传说，更有栉风沐雨、年代久远的历史遗迹，这些人文景观，哪一个不是在星转斗移中被时光磨洗才得以留存下来。尤其是田汉曲艺社，使我们深切地感受到当下的市井民众中竟然还有如此品位的文化追求，着实令人感动、感佩。可以说，在一个乡镇地域，能够集中分布这么多颇有档次的人文景点，在厚重的中原大地上亦不多见。

因此，我对石桥镇是心存敬意的，虽数次前往却仍然铭记于心且心向往之，特别它闻名遐迩的千亩月季花卉基地更让人有所期待。壬辰年仲春，应邀与众多文友再次到石桥镇采风踏青赏景。在这里，以上所述文化景点的规模、品位、内涵、形态自不必赘言，只想那成千上万亩的月季花卉应是多么的诱人且招人眼花缭乱。

月季与玫瑰、蔷薇同属蔷薇属。据有关资料介绍中国栽培玫瑰、月季、蔷薇的历史很长，唐朝时就有诗说月季"大如盘"，被用来作蜜饯以及用来装饰庭院房间。欧洲原本没有月季，大约19世纪初才从中国引进，而后才培育了由月季、蔷薇杂交出来的新品种，这是现代月季品种迅速增长的开端。但由于原来中国栽培的牡丹、芍药、梅、兰、菊、茶花等占据主导，月季更无法独居花魁，只能算作是平凡而充满生机的花吧！

月季娇媚、浓烈，花色多样、品种丰富而月月开放，并且花朵比蔷薇更有韵致和意味，有质朴、敦厚的品性，少浓艳、造作之姿态，似乎更符合中国儒家文化中庸、内敛的精神内涵。

但遗憾的是，由于今年开春以来天气一直低温，所以石桥的月季并没有如期开放，偌大的田间只有个别花朵迎风傲放。虽然我们不曾观赏到期盼的花红叶绿的热烈景象，但看到侍弄月季的那么多忙碌的花农以及一望无际的花田，由此可以想见那万紫千红总是春的花的海洋的波澜壮阔也就充满希望和期待，想象有时真的十分美好。

面对种植的形态各异的月季，原以为石桥镇早把月季当作支柱产业来培育，肯定对地方本级财政有好处，但听石桥镇领导介绍后方知，虽然石桥镇月季种植面积很大，产值过亿，但对地方的财政收入却没有多少帮助。尽管如此，他们眼光长远，从造福一方百姓作为出发点，不急功近利搞政绩工程，而是大力发展特色农林业、环保绿色农业，尽力帮助、扶持这一产业的发展壮大。这使我想起西汉哲学家董仲舒曾说："仁人者正其道不谋其利，修其理不急其功"，种花的收获虽不为地

南阳世界月季大观园月季大神台（梁培林 摄）

方政府增加财政收入，但却可保护环境，而且还可借机兴起花卉文化、观光旅游文化等，以此带动当地的第三产业。石桥镇领导看得长远，想得周全，兴办花卉产业，是造福一方的仁政之举，是可持续发展的理性之举。

其实，现代的人理应在自我与他人和自然间架起和谐的桥梁。李白说"天地者，万物之逆旅；光阴者，万代之过客"。人相对于自然天地都是匆匆的过客，但人过要留名。在金钱和权力助推生活节奏不断加快的今天，石桥镇领导们发展地方经济的思路所内禀的淡定、从容、务实、为民，以及对子孙后代负责的民本意识深深地打动了我，并由此使时尚逼迫的焦虑得到些许的安慰。因为，毕竟春风化雨待花红的日子就要来到。

（孙晓磊）

月季赋

南都帝乡，既丽且康。独山藏宝玉，纳天地灵气；白水谱春秋，衔黄河长江。风物东西交汇，山岳南北脊梁；四时名木荟萃，天下奇葩争香。

光武起兵南阳，幸获蔷薇护命。帝登大位，封蔷薇曰"花中女皇"。宛地月季，得以名扬。

卧龙人倾力三十载，于张衡故里，宛北沃野，垦全国最大月季基地。南阳月季，花魁独占，俏领市场。

东风浩荡，国运隆昌。己亥阳春三月，世界月季洲际大会，于南阳隆重举行。花事盛典，五洲共襄。

月季园中，千簇斗艳，月季湖畔，万蕾竞放；各国名品，嫁植南阳。春意触枝，绿萼红装；好雨催蕊，心波荡漾。四季着花，牡丹逊色；月月常红，兰桂羞妆。粉黛娇媚，如西施浣纱；丹霞铺彩，伴云鹤凤翔。秦晋之好，花媒为证；金兰之义，操馨品芳。楚钟汉吕，琴箫霓裳；诗兴词颂，文焕华章。人游斯地，如登蓬莱；客访是园，不美仙乡。南阳月季，名播天下，中原名卉，四海飘香。

（张兼维）

南阳月季赋

序：南阳是月季原产地之一，月季是南阳市花，其产业日益隆，已有"九州月季半南阳"之称，故为文以颂。

仙山苍苍，白水泱泱，有花不凡，俟春而芳。遍栽庭院，广植街巷，艳丽天真，望之欢畅。伟哉造物，予盆地无尽福光！

本生篱落，情牵黎庶；移于御苑，不美华富。播芳不辍，克勤进取；根植沃土，不畏寒暑。繁盛俊朗，沁心脾于不觉；美艳质朴，怡肺腑而未央。落落大方，有牡丹之富丽；洒洒有韵，具桂子之馨香。美人簪髻，倍透灵份；志士馈友，更彰情长。

灵苗初发，清露微悬，红叶紫茎，以战春寒，纤纤之身，血色可鉴，柔柔芽尖，宛若欲言。待到碧叶丛丛，蓓蕾初成，沐于熏风，枝枝含情。既而，花萼乍裂，霞光涌动，万千红紫，次第纷呈。领首晨风，娇蕊千层，向云汉而发荣；顾盼落晖，秋波盈盈，披流岚以呈英。袅袅纤条，不胜娇娇玉容，融融暗香，宛若春君出宫。

经春至夏，精采迭现。炎阳肆虐，其色愈艳，暴雨来袭，欢颜不减，纵朝发而暮损，亦难寻些许之凄然。夏去秋来，不觉困倦，气爽天高，芳姿再展；秋之美妙，于此可见，秋之萧杀，尽被其掩。至于初冬，纤纤细叶，凌严霜而摄余光，嫩蕊娇蕊，傲新雪以发清妍，移来掌中，瓣瓣堪怜，终无耐而凋零，献光华而无憾。噫，此花有灵，折可复生，装点华夏，江海深情。

其色繁富，其类纷纭。红寓热烈忠贞，粉喻优雅温馨，黄喻高贵和平，白喻纯洁简朴，紫喻优雅珍惜，墨喻独立个性，混喻变幻多姿。型有杯状、盘状、满心状，味有淡香、芬芳、浓郁等。蕾有球形、壶形、卵形、笔尖形。花茎长、蕾杯状，谓之切花；枝柔如藤，攀援而生，谓之藤蔓；花头聚集，谓之丰花；花朵硕大，谓之大花；株型矮小，宜于盆栽，谓之微型；株型直立，谓之树状；匍匐扩张，谓之地被，万百千种，自成一统。

溯诸由来，神农采种，孔子移庭。咏秀质于楚赋，腾芳声于汉篇。寄风采于唐宋之圃，振荣华于明清翰苑。汉武比佳人之笑，山谷谓肌骨藕香。东坡赞四季常春，徐积咏堪比日红。风骨常在，冰心倾情；和平象征，慕华独钟。傲霜含笑，爱萍感动；利刺卫护，陈棣雅颂。或为之而痴，或植以明志，倾慕爱恋者，繁若辰星。

南都北郊，名镇石桥，乃张衡故里，依山面水，地脉温旭，每年五月，花会盛隆，万亩无际，姹紫嫣红，高朋如云，笙歌助兴，徘徊观赏，拜谒科圣，蜂飞蝶舞，感兴丛生:是春君乘科圣之灵，分外娇艳？是科圣获春君福馈，终有大成？是以风水所化，物我相生，非所谓人杰地灵乎？

胜地常新，娇花长随，约在石桥，会于白水，共掬春光，以颂至美。于是歌曰：

盆地温和花木隆，牵情最是月红红。

园丁朝起勤梳弄，细雨从容润声声。

道道巷街留妙韵，张张笑脸漾春风。

江山万里春常在，翠染乾坤无限情。

（周涛）

月季花赋

　　我喜欢各种各样的花，但我最喜欢的是月季花，每逢春天到来，我的心里便涌起万千思绪……

　　月季花随处可见，是"平凡花""平民花"，但却有"贵族花"的妩媚与娇艳；它绿意深邃，吐翠欲滴；它满身长刺，芳香扑鼻；它艳而不妖，姿色俏丽；它的家庭之大，令人折服；它光彩夺目，婷婷玉立；它出类拔萃，自强自立；它根深蒂固，风雨不惧，随遇而安，有旺盛的生命力。它战严寒，斗酷暑，无论是贫瘠的土地，还是干旱的环境，它都四季开不尽，无日不春风，它追求的是奉献，展现的是美丽。

　　月季花，染上阳光的颜色，变得缤纷斑斓；沾上雨水的润泽，变得生动灿烂，它飘过，风中就流动着扑鼻的芳香；它走过，心里就有万紫千红的容颜；它飞过，空间里就有欢快轻盈的舞姿。它月月绽放，一茬连一茬，花期绵长，揽尽赏花人的目光，与群芳斗姿，与百花争艳。风来了，摇曳生姿；雨来了，鲜艳芬芳；蝶来了，翩翩起舞；蜂来了，奉上甘甜。它的适生能力特强，与'牡丹'嫁接，开成雍容华贵；与蔷薇嫁接，开成俏丽繁盛。一年四季，除了严冬，都一直在展露芳香。天气进入深秋，所有的花木都进入"化作春泥更护花"的休整时期，而它仍然精神抖擞，甚至顶风傲雪，依然开放，直至寒霜频频来袭，大雪层层压枝，躯体虽曲，灵魂依存。

　　月季花是南阳的市花，更是中州名镇石桥的标志，是石桥人的骄傲，俯身呼吸着你的清香，犹如呼吸着家乡的富有和深情。翠绿中那诱人的花蕾，沐浴着和谐的微风，沐浴着绚丽的旭日，井然有序连一片，让石桥镇更换着色彩，变得更加清新，更加妩媚……尤其是通过连续三届的月季文化节的圆满举办，让石桥和南阳提高了知名度，促进了经济的发展，加快奔小康的步伐！

　　月季花，屡开屡谢，屡谢屡开，它从不忧伤，从不寂寞，它无拘无束，无怨无悔，灿烂的花朵使世界绚丽多彩，缤纷的落英让人们眼花缭乱，让爱花人流连忘返，这是它的骄傲！

　　月季花，你使我在心中由衷升起一种敬意！月季花，你是平民的花，百姓的花。你使祖国大地呈现勃勃生机，你让生命得到延续，使美丽成为永恒……

（张文举）

月季诗歌

我的月季

我的庭院中有两棵月季

一颗是单色的紫红而芬芳

一棵是多色的没有花香

但五颜六色宛若星光

它们来自南阳的月季园

它们来自白河两岸的月季之乡

太阳出来了金色的光带

把它们的花影打印在我的背上

我的背上就有了摇曳多姿的形象

在故乡的摇篮中

谁都渴望绽放

连绿叶也在摇晃还有小草

都有开放的欲望

在南阳在富饶的盆地之上

就是我掉牙的二爷

也要站在月季花盛开的中央

笑的脸都起了沟壑

嘴巴像盛开的喇叭花一样

不知道从哪里要来一个个春天

总是开放

开放得看花的人心也开放

引来洲际游人，漂洋过海

也来这花海里流连徜徉

我在南阳，曾是在河之洲的地方

窈窕淑女，君子好逑

如今，更以月季的名义

把天空拉向花瓣中的美好

驱散所有的阴霾

阳光下、明眸里、镜头里、屏幕上

惟有月季为皇

谁能如此灿烂

灿烂得让人目瞪口呆

谁能如此温润

温润得美玉般把心照亮

回眸，再回眸

一瓣瓣，宛若一片片月光

我的月季，在伏牛山下

南阳盆地，在水一方

（水兵）

"南水北调"渠首第一桥（李淞洋 摄）

南阳月季令

一月的月季如同梨花
压顶的阴云羽毛纷纷
岑参推开唐朝的营帐
在边塞的辽阔宣纸上
挥笔书写故乡的月季
"忽如一夜春风来，千树万树梨花开"

二月的月季摇曳蔚蓝波浪
兰舟轻轻犁开自我放逐的清波
最美的画卷像云舒云卷
范蠡隐名于春秋的市井
《计然篇》的悠然见南山里弥漫着
"迹高尘外功成处，一叶翩翩在五湖"

三月的月季绽开白河岸柳的如烟鹅黄
庆历四年的花洲书院里
一支纤毫勾勒着岳阳楼的春和景明
范仲淹款款推涌了古中国的万顷碧波
一句诗韵闪烁着箴言的流光
"先天下之忧而忧，后天下之乐而乐"

四月的月季盛开芳草长莺飞
北国的庾信推窗南望
铁枝铜钩的老树犹如蛰伏血管的乡愁
清新庾开府，俊逸鲍参军
杜工部击案长叹
"庾信平生最萧瑟，暮年诗赋动乡关"

五月的月季映红长安的喧嚣
峨冠的韩荆州信步市井的幽巷
故乡的月季哺育了他昂扬的率真
升迁或贬谪的驿路
都是他平平仄仄的诗稿
"江作青罗带，山如碧玉簪"

六月的月季闪烁亮星汉

一台浑天仪守候着东汉的长天
张衡的睿智揽九天之月
让广寒宫里巍峨起了一脉环形山
《南都赋》《归田赋》氤氲满了南阳的乡思
"悲离居之劳心分，情惆惆而思归"

七月的月季染绿了范晔的史册
他不是叶丛蝉鸣的杂乱
他用缜密华丽的骊歌
长吟短啸出一曲响遏云霄的《后汉书》
引颈待戮的囚房里，铭记着一个丹笔的淡然
"好丑共一丘，何足异枉直"

八月的月季穿越了戈壁和荒漠
花瓣簇拥成铺向波斯的丝绸
西域的驼铃交响着东方的音韵
博望侯张骞的节旌，拔节成高原穿梭的羽帆
杜甫的诗章徒添南阳月季的芬芳
"问道寻源使，从此天路回"

九月的月季丰盈着铜巷铁陌的长沙
府衙的厅堂里坐满了求医问药的布衣
张仲景用月季时时花开的赤城
让《伤寒杂病论》飘落东方智慧的甘霖
《金匮要略》徐徐开卷华夏的春天
"寄信仲景与安常，古今何代无'医王'"

十月的月季香染了春岭的霜月
六张羊皮展开了秦国疆域的广袤
南阳的沉思辚辚拉动起横扫六合的铿锵
举于市井的百里奚
被李青莲仗剑长歌
"洗佛青云山，当时贱如泥"

十一月的月季凛冽这冰雪的清洁
中渭桥的流水颂咏着"县人犯跸"
上林苑的野兰犹忆观虎的铮铮谏言
汉文帝的皇辇上镶嵌着他擦亮的一抹青天

执法如绳的张释之，令人喟叹
"堵阳城廓今何在，留得当年廷尉名"

十二月的月季缭绕鹅毛的俊逸
卧龙岗上隐约着孔明的《梁父吟》
躬耕的垄亩至今氤氲着帷幄天下的《草庐对》
一张《出师表》，一帧《诫子书》
"武侯"诸葛亮像一枝月季卓越岁月的风尘
"三顾频频天下计，两朝开济老臣心"

（李雪峰）

月季赞歌

秉牡丹之绮丽，拥荷花之灵犀
藏秋菊之傲骨，兼腊梅之凤仪
你是"花中皇后"，你是姹紫嫣红的月季

啊，美丽的月季
我惊叹，你品种繁多数以万计
树桩月季，大花月季，丰花月季，微型月季
藤本月季，香水月季……
世界上兄弟姊妹最多的"花神"啊
宛城南阳的市花是你

省会郑州的市花也是你
首都北京的市花还是你
华夏大地86座城市的市花都选择了你

啊，纯洁的月季
我憧憬，你懵懂葱郁的新绿
当万物复苏，当春回大地
那花的蓓蕾，孕育着勃勃生机
稚嫩碧绿的叶茎，静静沐浴着如丝的春雨

脱俗不染微尘，娇容脉脉依依
尽显素雅神韵，飘荡氤氲之气

啊，芬芳的月季
我醉心，你花开时节的旖旎
白者如雪冰清玉洁，黄者如今雍容华丽
粉者如霞美艳动人，殷者如血榴花堪比

那片片娇媚的花瓣儿
在风中歌唱，在月下低语
摇曳万方仪态，舞动在每一寸宛城大地

啊，坚强的月季
我倾慕，你四季番红馨香缕缕
飒飒秋风中，你含笑怒放枝头
与寒霜抗争，冷雨中傲然屹立

古往今来，人民只记得秋日之菊
其实那铮铮风骨，那零落成尘
依旧含笑的倩影，才是最美的你
你和洛阳牡丹、开封菊花一起
争奇斗艳，挥洒豪情
怒放在广袤的中原大地

穷尽词汇难书其雅韵，挥毫泼墨难画其神奇
你是微笑，温润着世人的心灵
你是花神，装点着汉都帝乡的美丽

我们期冀，在"2019世界月季洲际大会"上
在大美南阳四圣故里
绽放你楚楚动人的娇容
赢得五洲宾朋那瞠目的赞许！

（文香婵）

（二）综合艺术类

1. 月季影视

南阳大地，如花似玉。2017年6月30日，CCTV-7《乡土》栏目播出展示南阳城市形象和乡土特色的专题片《如花似玉的地方》。南阳月季走向世界，南阳独玉天下闻名。5月，《乡土》栏目摄制组来到南阳卧龙，把"花玉"两个本土元素完美结合，以点概面，充分体现南阳地域特色和风土人情。摄制组下田地、入农家、访花农、听民俗、拍玉雕，摄取一个个精彩形象，剪辑一幕幕感人故事。

2020年12月14日，中央电视台农业频道CCTV-17《田间示范秀》栏目播出了南阳卧龙区月季种植户的故事——《花田里的烦恼》，讲述树状月季的故事。这是中央电视台在南阳拍摄、播出月季时间最长的一期节目，摄制组共拍摄16天，节目播出净时长约50分钟。

南阳有中国月季之乡的美誉，是全国最大的月季苗木繁育基地。8月13~28日，《田间示范秀》栏目节目组冒着酷暑，选取卧龙区潦河镇、蒲山镇等地，连续拍摄16天，完成实地拍摄。经过后期制作，定名为《花田里的烦恼》。

月季花的花期长、适应性强，南阳四季分

明、气候温润，月季花种植达十万余亩，从业人员超十万多人，月季花产业已成为南阳农民增收的有效途径。《花田里的烦恼》从南阳月季产业发展切入，以月季种植带动群众增收为主题，全程实景拍摄。讲述了脱贫户月季种植户王朝娟遇到月季销售问题，资金困难，急需卖掉一千棵树状月季，在节目组的帮助下，求助乡土专家邓小旭帮助解决问题、并学习新的育苗技术的故事。专题片向观众展示了南阳月季产业的广阔前景和月季种植户的奋发向上的精神状态以及月季产业扶贫成效。

2021年8月29日，34集电视连续剧《花开山乡》在中央电视台一套播出，9月25日播出第34集大结局。该剧改编自忽培元创作的长篇同名小说《乡村第一书记》，高希希执导，王雷、李小萌领衔主演。

该剧讲述了青年干部白朗，从中央机关下派到楚川县深度贫困村芈月山村任第一书记的故事。剧中第一书记人物原型之一为国务院研究室选派到南阳淅川县毛堂乡银杏树沟村担任第一书记的王涛，他带领全体村民，将生态文明建设和乡村振兴的实际结合起来，于2015年1月，引导和推动成立淅川县芈月山生物科技有限公司，从事生态农业产业种植、农产品加工及销售、农业观光旅游开发，日化洗涤产品生产研发与销售，主要有：以月季为原料的食品（花酱、花茶、花粉、果酒、果醋等）、日化（精油、精华液、手工皂）以及其他如茶粉、松针粉、核桃粉等具当地特色的农产品。建成生产车间1万余平方米，自动化生产线7条，年产值达1.2亿余元。采用"公司+基地+农户+生产+研发+销售"模式，流转土地650余亩，种植艾草、月季等芳香植物。将银杏树沟村建成"绿水青山芳香园，金山银山芈月山"的美丽乡村。

剧中将南阳月季产业发展的生动实践，植入脱贫攻坚致富奔小康的大视野中，完美展现了绿色产业乡村振兴的壮美画卷。河南文化形象大使、戏歌双栖表演艺术家王光姣演唱的主题曲《党派来的亲人》，唱出了百姓对月季产业脱贫致富的幸福自豪感，唱出了人民群众对党的好干部的信任和热爱。该剧入围中宣部、国家广电总局庆祝中国共产党成立100周年优秀电视剧展播剧目、国家广电总局2018—2022年百部重点电视剧选题片单。

"宛"若灿花"光影筑梦"。2021年9月19日，2021中国农民丰收节第四届中国农民电影节启动仪式在京举行，绚丽的光影月季徐徐绽放，电影节正式拉开帷幕。

本届电影节主会场设在南阳淅川县，启动仪式上，南阳市委书记朱是西介绍了南阳市情，代表南阳人民向广大农村电影爱好者发出了相聚南阳的真诚邀约，提出南阳将把办好这次农民电影节，作为贯彻落实习近平总书记视察南阳重要讲话和指示精神的具体行动，作为加快高质量跨越发展的重要契机，按照务实、节俭、高效的要求，筹备好、组织好、举办好，努力把这次农民电影节办成一届高质量、高水准，以人为本、文化铸魂，主题突出、特色鲜明，氛围浓厚、影响广泛的电影节，讲好农民丰收故事，展示脱贫攻坚、乡村振兴成果，展现全国农民昂扬向上的精神风貌，彰显农民的光荣、农民的伟大，架起各界了解南阳、认识南阳、推介南阳的桥梁纽带。

农业农村部办公厅副主任刘均勇与南阳市委书记朱是西共同为本届电影节主视觉设计揭幕。

本届电影节主视觉标志的主题为——"宛"若灿花，整体造型是一支盛开的月季花，层层叠叠的花心组成南阳简称"宛"字。这支生机盎然的月季，展现了新时代南阳蒸蒸日上、精彩绽放，彰显了电影独特的语言表达艺术和南阳的形象印记。主视觉标志融合南阳元素、淅川元素、电影元素、时代元素，简洁生动，内涵丰富，主色调采用金色，则寓意中国农民电影节是丰收节的重要活动，是农民共庆丰收、分享喜悦的节日，也寓意着全社会关注农业、关心农村、关爱农民的浓厚氛围。

本届电影节主海报的主题为——"光影筑梦"，深邃而透视感的设计，我们仿佛透过镜头，即将穿越一条梦幻的时光隧道，沿途有星空、山川、河流，有鲜花、城镇、行人……"星空"是致敬那些推动中华文明进步的杰出人物；"山川"是寓意神州大地的宽广胸襟和壮美锦绣；"河流"象征着润泽大地、造福于民的"南水北调"伟大工程；"月季花"代表着正在绽放独有魅力的南阳；"城镇"代表了中华民族欣欣向荣的发展势头；"行人"体现了中国人民的热情好客和喜庆氛围……浮光掠影中，有金色的丰收梦，有绿色的生态梦，有蓝色的和谐梦，仿若一幅勾勒祖国大好河山的画卷在我们面前徐徐展开。

9月26日，2021年中国农民丰收节第四届中国农民电影节在南阳市淅川县汤山公园广场隆重开幕。中央农办副主任、农业农村部副部长刘焕鑫宣布电影节开幕。中国农业电影电视中心总编辑宁启文主持开幕式。中国电影家协会秘书长闫少非、南阳市委书记朱是西分别致辞。

本届中国农民电影节由农业农村部办公厅、中国电影家协会、中国农业电影电视中心（中央电视台农业频道）、中国老区建设促进会、中国广播电视社会组织联合会、中国科教电影电视协会、南阳市委、市政府主办，淅川县委、县政府承办。活动以"百年征程、全面小康、乡村振兴、光影同行"为主题，开展"故事记录平凡 光影铭刻伟大"2021年脱贫攻坚主题电影推荐活动、"寻路百年 光影同行"1000场农村电影公益展映、电影节红毯仪式与开幕晚会、乡村采风与电影主创见面会和"领路百年 光影留声"红色电影主题音乐会等一系列精彩纷呈的电影主题文化活动，展现乡村振兴成果，提振全面小康精气神，追寻农耕文明之根，挖掘中华文明之魂，用光影筑起中国梦。

2. 月季歌舞

花开南阳香飘五洲韵留艺苑。世界月季名城——南阳，朵朵月季盛开在街头路边、房前屋后、社区、村庄、田野，吸引着世界的关注，也唤醒了艺术家们的创作灵感，点燃了南阳音乐、戏曲界，歌颂月季盛会、歌颂大美南阳的激情。深情的笔，优美的曲，翩翩的舞，倾情的歌，悠扬激荡在美丽的盆地花海。这是世界月季名城——南阳，一千多万人从心底里流淌出的月季之歌。

南阳理工学院艺术团、南阳市仲景轻舞飞扬艺术团、丽人舞蹈队、军军舞蹈队等二十支专业舞蹈队及南阳戏曲名家刘修元、曲艺名家李国全、著名歌手陈燕钗、秦松山等艺术家用歌舞和曲艺展示南阳人民对盛会的期待和热爱，为世界月季洲际大会的成功举办营造浓厚的欢乐气氛，为大会胜利召开增光添彩。演出歌舞《我敬祖国三杯酒》，舞蹈《美丽中国》《领航新时代》《大美南阳我的梦》，歌曲《美丽的月季》等精彩节目。演唱南阳传统鼓词、戏剧，以诗词歌赋、书法等形式组织现场互动，吸引群众广泛参与。让人们在精彩绝伦的视听盛宴里，感受新时代大美南阳的独特魅力。

词作家郝文生、胡涛，南阳飞亚文化传媒艺术总监兼制片人徐亚飞，创作南阳"2019世界月

花开盛世　南阳腾飞（陈琳 摄）　　　　　　放歌月季名城（王世光 摄）

季洲际大会暨第九届中国月季展"开场曲《美丽之约》；中国乡土诗人杨学富、陈涛，创作南阳"2019世界月季洲际大会"颁奖晚会主题曲《月季故里·香飘五洲》，以及《南阳月季·香飘五洲》《我在南阳，等你来》歌曲；河南省作协会员郑胜利、中国音乐家协会会员童玉安，创作歌曲《月季颂》；诗人文香禅、词曲家罗福祥，创作歌曲《美丽月季》；南阳留美学子樊宇铸在大洋彼岸与著名学者冯英剑、音乐人王从军共同创作歌曲《月季花香飘五洲》，在网络传唱走红。中华文化促进会朗读专业委员会理事、南阳市播音朗诵协会副会长兼秘书长张志远，在南阳"2019世界月季洲际大会"开场吟诵月季盛会。王光姣、青年歌手张爽、张景、樊雨鑫、刘庄龙真等，在南阳"2019世界月季洲际大会"放歌月季盛会。国家一级演员李庆芳，河南省"青年歌手大赛"十佳歌手陈艳钗，南阳医专音乐老师张艳等献艺歌颂月季盛会。

高歌南阳，用音乐表达深情。我们要创作出精品歌曲，唱出南阳的美，唱出南阳的自信与骄傲，唱给四海宾朋听，让世界了解南阳！与南阳结合、与时代结合，写出南阳的月季、写出洲际大会的月季来。借月季盛会歌唱南阳，南阳人都会合着节拍高歌，唱响盛会，让南阳月季传遍世界。

千人共舞迎盛会。2019年4月17日，为迎接"2019世界月季洲际大会"召开，由南阳市妇联主办，宛城区妇联协办，宛城区体育管理中心、宛城区健身操舞协会承办的"点赞新时代，月季飘香舞起来"——庆祝"2019世界月季洲际大会"大型公益展演活动在南阳体育中心举行。

南阳市妇女联合会主席齐宗俭说："社会各界女性团体要利用植于妇女、联系妇女的组织优势，围绕月季盛会，组织开展各类公益宣传服务活动，为大会的成功召开，营造浓厚热烈的氛围。"

展演活动上，广场健身操舞爱好者和市民，千人同跳一支舞，巾帼庆盛会，点赞新时代。

歌声里的月季——《爱上南阳爱赏月季》音乐专栏

"世上有朵美丽的花，四季盛开，香飘万家，它的花瓣五颜六色，它的芬芳遍及天涯……"伴随着这悠扬的旋律，《南阳月季甲天下》用简单直白的歌词将南阳月季的美丽和吉祥完整地呈现给听众。用歌声来定格美丽、礼赞时代。

盛世花开，月季飘香。自2020年6月10日起，中国南阳首届"世界月季博览会"组委会办公室与南阳市广播电视台联合推出《爱上南阳·爱赏月季》音乐专栏节目。专栏于每天上午9：00～10：00在《杨柳音乐时间》播出，时长5分钟，播放"月季"歌曲、曲艺，名家吟诵"月季诗歌"，介绍月季文化及相关科普知识等。展示南阳中国月季之乡的丰富内涵，展现南阳世界月季名城的靓丽芳姿，弘扬中国月季文化，助推南阳大城市高质量建设。让人们在美妙的旋律当中，分享、歌颂南阳美丽的月季。

此次中国南阳首届世界月季博览会组委会办公室与南阳广播电视台联合推出的"爱上音乐爱赏月季"音乐专栏节目，截至2020年12月初已播出二十四期，用深受大众喜爱，以美妙动听的乐符、声情并茂的朗诵，传递放大南阳"月季文化"，让南阳市花呈现内涵展现芳华，让月季文化锦上添花。

月季歌曲

月月红月季情

多少次梦中期盼，

清风明月，相对无言，

都为那一段情缘！

千年馨香如此悠远！

春去秋来不相关，

云聚云散无间断。

不是花神却成仙，

曾引东坡声声慢。

多少次梦中期盼，

花中皇后，端庄温婉，

都为那几许相见，

芳华一世岁岁年年。

为谁开？别君叹。

执手望，情相牵。

迢迢丝路舞翩跹，

香飘五洲天地间。

（冯瑛剑）

美丽之约

——南阳"2019 世界月季洲际大会"开场曲

Yeah fantastic nanyang

Coming to my world ho

Everybody

Let's go

Coming to my world ho

Yeah nanyang

Coming to my world ho

Yeah come on相约南阳

我骄傲大美南阳我的家

这神奇的土地炫耀着神话

天赐南阳美

地蕴月季香

用色彩去描绘缤纷的诗画

看南阳赏娇花一揽芳华

香飘五洲激情也迸发

迈开欢快步伐天大地大

这里是你我的家

Listien to my heart

你我相约南阳

一段长城作壁挂

一间草庐谈天下

Love love my love南阳

一页石画说汉风

一条丝路到天涯

让我们相约南阳

让我一起相约南阳

一段长城作壁挂

一间草庐谈天下

一页石画说汉风

一条丝路到天涯

一处县衙扬天下

一所会馆义无价

一个荆关踏三省

一渠清水润中华

一湾绿水浣碧纱

一座独山玉无瑕

一带公园藏宝库

一道龙脉出西峡

一串梦想已描画

一幅蓝图乐万家

一场盛会邀五洲

一段佳话人人夸

我骄傲大美南阳我的家

这神奇的土地炫耀着神话

天赐南阳美

地蕴月季香

用色彩去描绘缤纷的诗画

看南阳赏娇花一揽芳华

香飘五洲激情也迸发

迈开欢快步伐

天大地大这里是你我的家

Listien to my heart

你我相约南阳

一段长城作壁挂

一间草庐谈天下

Love love my love南阳

一页石画说汉风

一条丝路到天涯

让我们相约南阳

让我一起相约南阳

一段长城作壁挂

一间草庐谈天下

一页石画说汉风

一条丝路到天涯

一处县衙扬天下

一所会馆义无价

一个荆关踏三省

一渠清水润中华

一湾绿水浣碧纱

一座独山玉无瑕

一带公园藏宝库

一道龙脉出西峡

一串梦想已描画

一幅蓝图乐万家

一场盛会邀五洲

一段佳话人人夸

让我们相约南阳

come on yoo

一起来

Listien to my heart

你我相约南阳

美丽的南阳我的家

神奇的土地会说话

Love love my love南阳

厚重的南阳我的家

天地人和留佳话

Listien to my heart

你我相约南阳

让我们一起相约南阳

让我们一起相约南阳

（作词：郝文生 胡涛

编曲：徐亚飞 吟诵：张志远

演唱：张爽 张景 樊雨鑫 刘庄 龙真）

古城花香

流光溢彩（王景丽 摄）

月季故里香飘五洲
——南阳"2019 世界月季洲际大会"颁奖晚会
主题曲

妩媚的花仙，你烂漫香远
把万紫千红洒满人间
花中的皇后，你风仪卓然
"四圣"故里是你守望的家园

无论岁月悠悠，春暖岁寒
无论岁月悠悠，芳华年年
你香飘五洲，依然翘首期盼
只为人间花好月圆

神采的花仙，你风骨娇艳
用争奇斗艳把人间装点
花中的皇后，你风情万千
宛城大地是你依恋的家园

无论岁月悠悠，春暖岁寒
无论岁月悠悠，芳华年年
你香飘五洲，依然翘首期盼
只为人间花好月圆

无论岁月悠悠，春暖岁寒
无论岁月悠悠，芳华年年
你香飘五洲，依然翘首期盼
只为人间花好月圆
只为人间花好月圆

（作词：杨学富 陈涛 文香禅
作曲：王从军；演唱：王光娇）

月季颂
——"2019 世界月季洲际大会"

万顷花海月季园
花如朝霞映楚天
引来了画师写魂
醉倒了文人题赞
春盛花蕾竞桃李
冬日更超梅花艳
月月怒放春无限
披霜带露扮江山
披霜带露扮江山
美丽的南阳啊
如花似锦更娇艳
花中的皇后啊
香飘五洲满人间

楚风汉韵千古传

市花月季情绵绵

诚待宾朋花含笑

花迎远客共欢颜

春风吹来玉蕊散

万朵鲜花品种繁

月季盛开古宛城

歌随花香遍山川

歌随花香遍山川

美丽的南阳啊

如花似锦更娇艳

花中的皇后啊

香飘五洲满人间

（作词：郑胜利　作曲：童玉安
演唱：李庆芳）

南阳月季香飘五洲
——为月季盛会写歌

主歌：主歌部分侧重描写南阳月季的特点、美景：

"花的国度，走来了月季花仙。

年年新枝月月红，花开红烂漫。

一叶一花一世界，棵棵都是风景线。

花香彩蝶飞，风骨更妖艳。

月季故里，吟唱着动人诗篇。

花乡花海花似锦，花哥花妹花中站。

手中的月季花，是最美的风景线。

爱心随花开，多情更鲜艳。"

副歌：

"年年岁岁月季花，花好月圆艳阳天。

花开传友谊，五洲连花环。

一带一路花为媒，月季盛会笑开颜。"

（作词：杨学富　陈涛）

我在南阳，等你来

风也来，云也来

我在南阳等你来

洒一片阳光，透一扇纱窗

吹拂在你的脸庞

让人神怡心旷

唻唻呀唻唻，南阳等你来

风也来，云也来

我在南阳等你来

采一束花影，截一缕幽香

飘飞在花的海洋

那是你的忘乡

唻唻呀唻唻，南阳等你来

鲜花等你来，美酒等你来

我在南阳等你来

等到淮源枫叶红

等到伏牛山花白

等你来

等你来

等到白河浪打浪

等到月季花儿开

等你来

等你来

等到月季花儿开，

月季花开等你来

南阳等你来

（作词：陈涛　杨学富）

月季花香飘五洲

多少次梦中期盼

清风明月，相对无言

都为那一段情缘

千年馨香如此悠远

春去秋来不相关

云聚云散无间断

不是花神却成仙

曾引东坡声声慢、

多少次梦中期盼

花中皇后，端庄温婉

都为那几许相见

芳华一世岁岁年年

为谁开？别君叹

执手望，情相牵

迢迢丝路舞蹁跹

香飘五洲天地间

（作词：冯瑛剑）

月季·中国
——献礼南阳 2019 年世界月季洲际大会

也许您知道中国5000年的历史长河

也许您能够吟诵几首对花儿的赞歌

可您是否知道"花中皇后"月季花的源头

尽管说栽培悠久

尽管说繁殖交错

月季花的起源就在我们中国呀

就在我们中国

我们中国的月季花花开四季

具有耐寒顽强的性格

它色彩艳丽'香味浓郁'花姿绰约

它是中国人最喜爱的花卉之一呀

月季文化已经完全融入了中国文化的血脉

让我们打开唐诗宋词

里面不但有韩琦对月季的赞美

更有苏东坡借花抒怀的吟哦

猗猗抽条颖，颇欲傲霜冽

及春见开敷，三嗅何忍折

月季不但叫月月红'四季花'雪丽红

其实还有很多，很多

这些恰好证明了我们的语言十分丰富

证明了我们中华民族地大物博

月季花也是爱情忠贞的象征

因为它代表了情谊长久，高洁艳丽的品格

有道是:常以此花荣艳足

哪知声誉贯中国

月季花叶为互生，花朵初为紫色

它适应性特强，品种十分繁多

月季花可以美化庭院，点缀生活

还可以治病救人，消除病魔

月季花有多种功效呀！

它胜过牡丹的长久

它强过玫瑰的吝啬

它不愧为"花中皇后"

还流传着许多那动人的传说

今天我要以诗人的情怀，浪漫的笔墨

让86座城市传递人间真爱

点燃春色一片，彩霞万朵

让月季的美丽更加灿烂

开遍祖国的山山河河

在我们这个伟大的和平年代

用激情高歌：

月季！中国！

月季！中国！

（作者：林泉）

南阳月季甲天下

世上有朵美丽的花，

四季盛开，香飘万家，

她的花瓣五颜六色，

她的芬芳遍及天涯。

南阳月季甲天下，

美轮美奂，如诗如画，

不畏风霜，独秀挺拔，

忠诚守望，盛世中华。

啊，月季花，

多姿多彩绽放着大地芳华，

月季之乡，誉满华夏，

你把那吉祥传达，

你把那幸福播撒。

啊，月季花，

多姿多彩绽放着大地芳华，

月季之乡，誉满华夏，

你把那吉祥传达，

月季盛开明月桥（张全胜 摄）

花迎晓露开（王自强 摄）

你把那幸福播撒。

啊，月季花，

人间最美的花，

新的时代映红了喜乐年华，

真诚相邀，四海贤达，

让世界联通南阳，

让友谊遍地开花。

（作词：张中华　作曲：朱敬武

演唱：梁威　王飒　陈浩飞　刘庄　龙真）

月季飘香醉五洲

飞越万里海天，跨过大河溪流

寻着醉人的花香，走来远方的朋友

带着共同的期待，带着真诚的问候

追梦的脚步啊

在这片热土上久久停留

南阳月季，香飘五洲

花开富贵，花开锦绣

花为媒，爱作舟

创业路上我们一起走

月季开满枝头，南都精神抖擞

捧出芳香的美酒，欢迎尊贵的朋友

遨游鲜花的海洋，紧握友谊的双手

燃烧的激情啊

在这方天地里书写风流

南阳月季，香飘五洲

花开梦里，花开心头

花含笑，风轻柔

春满世界幸福在招手

南阳月季，香飘五洲

花开梦里，花开心头

花含笑，风轻柔

春满世界幸福在招手

幸福在招手

（作词：任怀卿　作曲：张中华

编曲：凌中海　演唱：梁威王琼）

南阳美美月季花

你问月季家在哪

南阳就是"花仙"的家

南阳美呀南阳美

美得就像月季花

月季花仙姐妹多

万紫千红映彩霞

南阳美呀！南阳美

南阳人都笑成了月季花

美了你呀！美了他

好一个月季花

月季花呀月季花

美了祖国美天下

花的爹呀花的妈

访友都带几盆花

南阳美呀南阳美

像那仙女来散花

散给美洲黄和平

散给欧洲红中华

南阳美呀南阳美

美往那新娘的头上插

美了盆地美中原

好一个月季花

月季花呀月季花

南阳一美美天下

美了盆地美中原

好一个月季花

月季花呀月季花

南阳一美美天下

美天下

（作词：石方策　郭田野

作曲：朱敬　武朱　晓静

演唱：朱晓静）

南阳欢迎您

门前风景（徐爱军 摄）

相约春天

轻展诗书渲染的画卷
一览月季花盛开千年
红黄紫的娇艳，五彩斑斓
那是南都最美，最美的春天
啊，花开是海，花开是缘
盛世南阳香飘，香飘云天
每一片绿叶都是祝福
每一片花瓣都是请柬
徜徉白河秀水的依恋
陶醉大调曲悠扬婉转
月季花的世界，如梦如幻

那是花城最美，最美的春天
啊，花开是福，花开是安
大美南阳幸福，幸福无边
每一簇花蕊都是笑脸
每一朵鲜花都是心愿
啊，相约南阳，相约春天
相约在月季芬芳，芬芳的家园
啊，心手相牵，激情点燃
描绘着既丽且康，且康的明天
明天

（作词：任怀卿；作曲：张中华
演唱：姜婉 李良 刘源源 王琼 张宁 王慧忠）

方寸中的世界月季名城——南阳

邮票被誉为"国家名片",集权威性、宣传性、收藏性、鉴赏性、增值性等功能于一体,是展示城市形象、铸造城市品牌、扩大城市影响力的重要平台。自1840年世界第一张邮票诞生至今已有近180年历史。如今的时代,也许你不再给远方的亲人写信,也不再使用邮票,但这些一枚枚选题精妙、印制精美的邮票,以其所表现的丰富内容和蕴育的深邃涵义依然能够引起我们的注目,打动我们的心灵。因为它不仅仅是邮资凭证,方寸之间往往可展现一个国家或地区的政治、经济、军事、文化、历史、风土人情和自然风貌。南阳将月季打造成邮票的主角,成为展示南阳发展和奋进的舞台,展现南阳历史与文化的名片。

月季邮票镇纸

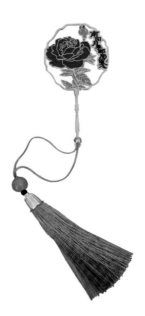

南阳月季邮局留念

月季邮票镇纸

（一）《花中皇后　南阳月季》邮票系列

2013年4月28日，《花中皇后　南阳月季》（第一组）个性化邮票在中国南阳第十届玉雕节暨玉文化博览会、南阳月季文化节开幕式上首发，南阳首次将月季搬上国家名片。从这一时刻，南阳开始了将数千品种精优月季全部登上"国家名片"的征程，并将其打造成中国邮票发行史上同题材数量最多的邮票。

在充分研究和论证的基础上，制定了六年发行计划：

计划发行版数，六组88版。分别为第一组12版，第五组24版，第二组、第三组、第四组、第六组各16版。

计划发行枚数，1080枚。分别为第一组96枚，第五组216枚，第二组、第三组、第四组、第六组各192枚。

第一组月季邮票共12版96枚。主图为花卉个性化邮票专用图，附图为南阳月季，象征着"天下月季聚宛城，南阳月季甲天下"；每枚邮票都表现一个月季品种，附注月季的品种、花色等"身份信息"，从独特的角度诠释南阳月季的色彩之美和艺术之美。《花中皇后　南阳月季》系列邮票是南阳市邮政分公司立足地域特色，结合南阳城市文化精心制作的，旨在为展现绚丽多姿的南阳月季，弘扬月季文化，借助邮票的权威性、国际性、艺术性、收藏性扮靓南阳月季品牌，让南阳月季邮传万里、名扬天下，走向全国、走向世界，成为大美南阳又一张绚丽名片。《花中皇后　南阳月季》（第一组）个性化邮票，将中国月季喷芳吐艳、姿态多变的审美韵味呈现于集邮爱好者面前，为喜欢月季的游客带来视觉盛宴，让更多人，更加深入地了解文化底蕴深厚的南阳。

（二）《花中皇后　南阳月季》（第二组）邮票

2014年4月29日，《花中皇后　南阳月季》（第二组）个性化邮票在南阳月季花展暨南阳月季博览园开园仪式上发行。这组邮票共16版192枚，全部采用高清晰照片，由十几位中国花卉协会月季分会会员、月季专家和摄影家提供，月季性状和名称准确，堪称一部月季图谱专辑。邮票版面采用的是7托12的特殊版式，呈三角形排列，7枚邮票主图为象征"吉祥如意"的凤凰鸟，穿越在12枚月季花丛中，与月季花代表的富贵、爱情、幸福相辅相成，共同传递幸福长存的美好愿望。适逢马年，邮票边饰部分从南阳汉画像石中提取龙和马的形象元素，展示了南阳汉画苍劲、灵动、飘逸的艺术风格。龙马本身即是富贵、吉祥之物，与月季花代表相辅相成。该组邮票左右两版为一组，同一组的两版个性化，底色相同，左龙右马。每组版票通过色彩的冷暖和色相变化，以及边饰上龙、马形象的变化加以区分，即体现了南阳丰厚的汉文化，又表达了龙马精神、马年吉祥和马至福来的美好寓意。

（三）《花中皇后　南阳月季》（第三组）邮票

2015年4月28日，在中国（南阳）月季展开幕式上，发行了《花中皇后　南阳月季》（第三组）。该组邮票共16版192枚，版式风格采用7托12枚的特殊版式，呈花蕊形状排列，与主题交相辉映。7枚邮票主图为中国结，寓意吉庆有余、福寿双全、吉祥如意。随着该组邮票的发行，已有500个品种的名优月季在邮票上展露芳姿，被中国花卉协会负责人誉为"普及月季知识，弘扬月季文化的生动'教科书'"。

适逢中国第一套《月季花》邮票设计家孙传哲诞辰100周年、《月季花》邮票发行31周年。中国花卉协会、中国花卉协会月季分会、河南省花卉协会、南阳市邮政分公司、南阳市集邮协会、南阳市林业局、南阳市花卉协会、《中国集邮报》《中国月季》等媒体共同举办了首套《月季花》邮票发行31周年暨孙传哲先生诞辰100周年集邮展览、"2015中国·南阳月季集邮论坛",成立全国首个月季集邮研究会、月季邮局。

中国花卉协会月季分会会长张佐双、原河南省邮政管理局局长、河南省集邮协会副会长杨汉振为月季集邮研究会揭牌,南阳市邮政分公司副总经理王志毅为月季邮局授牌并颁发聘书,张佐双、河南省花卉协会会长何东成、著名作家二月河、南阳市花卉协会会长贺国勤分别为月季邮局纪念封、月季集邮研究会成立纪念封揭幕。

以月季邮局为平台,通过邮票、纪念封、明信片、日戳、宣传纪念戳的组合互动、传递世界月季名城文化,提升南阳月季影响力。张佐双、二月河、集邮家李毅民、李少华、《中国集邮报》总编蔡旸、园艺专家徐志长、月季专家王世光等名家汇聚一堂,探讨月季与邮票的深厚渊源和文化内涵。二月河用"毛吞大海,芥纳须弥"赞誉方寸邮票的巨大作用。他说:"集邮协会抓住了这样一个文化坐标,已经形成了很好的文化板块,没有板块就没有品牌,没有研究就没有文化。集邮协会将品牌与文化板块结合在一起,是一个富有创见,富有新意同时又有大众化、平民化的文化底座,将我们的'大美南阳''中国梦''实现''四个全面'的战略构想,融为一体。构建非常有机地、非常健康地,非常光明的文化事业,而且前景不可限量。因为集邮秉承了人民大众的文化趋向。"

月季与集邮因文化相生,因国家名片结伴。以邮为媒,通过集邮带动月季文化的交流合作,推动月季文化研究,提升月季产业发展水平,打响南阳月季品牌。月季集邮研究会和月季邮局的成立,为世界月季史树立了新的文化标志,为月季展会丰富了内涵,烘托了气氛,让月季邮票成为行走的"月季教科书",让南阳月季通过方寸走向大众,传遍五洲。

(四)《花中皇后 南阳月季》(第四组)邮票

2016年4月28日,南阳月季展在万紫千红的月季博览园举办,《花中皇后 南阳月季》(第四组)系列邮票也在这春光明媚、鲜花盛开的季节绽放,900余幅全市中小学生手绘的月季图稿把展会装点得充满生机和活力。

《花中皇后 南阳月季》系列邮票第四组共16版192枚,采用6托12枚的版式,呈花蕊形状排列,与主题交相辉映。其中,7枚邮票主图为五福临门,寓意富贵平安、吉祥如意。《花中皇后 南阳月季》邮票第四组的发行,共有近700个品种的名优月季在邮票上展露芳容,成为当时该系列品种最全、定名科学、全部使用高清晰照片、发行枚数最多的邮票。

国家名片展示南阳月季风采。为更好弘扬南阳月季文化,展示当代中小学生的风采,在月季展期间,南阳市邮政分公司和南阳市教育局联合举办了《花中皇后 南阳月季》邮票图稿绘画比赛。全市上百所中小学校的近万名学生拿起手中画笔,绘出心中月季,共提交3000余件国画、剪贴画、水彩画、油画、蜡笔画、素描、铅笔画、水粉画等体裁的月季作品,展会上展出优秀作品900余幅。绚烂的色彩,简洁的立意,稚嫩的笔触,一幅幅充满童真的作品充分展现了孩子们的艺术才华,以及关注南阳市花、关心南阳环境保护、追求美与自然的美丽心灵。

此次展览以邮票为载体,把文化知识学习、美育教育有机结合起来,不仅延展了邮票的知识性、艺术性、思想性和娱乐性，还使学生扩大视野，增长知识，更好地促进了少儿绘画艺术的交流和综合素质的提升，展现了少年儿童健康向上、积极创新的精神风貌。

（五）《花中皇后　南阳月季》（第五组）邮票

2017年4月28日～5月3日，在第八届南阳月季花会期间，南阳市邮政分公司发行的《花中皇后　南阳月季》系列邮票第五组揭开神秘面纱，向世人绽放美丽。该组邮票共12版216枚，采用7托18枚的版式，呈花蕊形状排列，与主题相辅相成。7枚邮票主图为五福临门，寓意福寿安康。

月季具有坚韧的品格，内心充满阳光，用毕生的精力绽放美丽。集邮亦如此，贵在持之以恒。《花中皇后　南阳月季》系列邮票一至五组共888枚月季邮票，在方寸之间争奇斗艳。每枚邮票表现一个月季品种，从独特的角度诠释月季的色彩之美和艺术之美。其中，象征尊贵与权威的'路易十四'、散发着浓烈的古典玫瑰香气的'曼彻斯特伍德'、永远的'帕尔马'、红色系的经典品种'瓦尔特大叔'、蓝紫色经典品种'蓝色风暴'、高贵典雅的'玛格丽特王妃'、黄色花系的'珍妮奥斯汀'等名优月季品种，也让众多集邮爱好者从中获取更多的知识和乐趣。

（六）《花中皇后　南阳月季》（第六组）邮票

2018年4月28日～5月3日，在第九届南阳月季花会期间，《花中皇后　南阳月季》系列邮票第六组正式发行。该组邮票共16版192枚，邮票版面采用6托12枚的版式，呈花蕊形状排列，邮票主图为"同心结"。每枚邮票表现一个月季品种，充分彰显月季花城的文化内涵。截至该组邮票发行，南阳市邮政分公司已经将六组1080个品种的名优月季汇聚于方寸邮票之上，《花中皇后　南阳月季》系列邮品已成为宣传南阳、推介南阳的一张靓丽名片。

在"2019世界月季洲际大会"筹备工作座谈会上，南阳市人民政府向世界月季联合会主席凯文·特里姆普和世界月季联合会前主席海格·布里切特赠送《花中皇后　南阳月季》（第六组）邮票珍藏册。他们分别为"2019世界月季洲际大会"倒计时一周年纪念封题词："预祝"2019世界月季洲际大会"圆满成功""月季让南阳更出彩"。

在考察南阳月季博览园全国重点花文化基地座谈会上，法国梅昂月季育种公司董事长马提亚斯·梅昂为《花中皇后　南阳月季》系列邮票、"2019世界月季洲际大会"《花中皇后　南阳月季》邮票珍藏册、"2019世界月季洲际大会"倒计时一周年纪念封以及月季集邮研究会成立三周年纪念封题词："集邮为南阳月季开辟新天地，邮票让月季更出彩，邮票让南阳月季走向世界"。

（七）《花中皇后　南阳月季》（第七组）邮票

2019年4月28日，"2019世界月季洲际大会暨第九届中国月季展"、第十届南阳月季花会开幕式在南阳世界月季大观园举行，为庆祝月季国际盛会在南阳隆重举行，南阳邮政发行"2019世界月季洲际大会"会徽、吉祥物个性化邮票，并继续通过"国家名片"宣传南阳月季，同时举办了《花中皇后　南阳月季》（第七组）个性化邮票和圭亚那邮政《2019世界月季洲际大会》小型张发行仪式。

世界月季联合会副主席、中国花卉协会月季分会常务副会长赵世伟、原河南省邮政管理局局长、河南省集邮协会副会长杨汉振、河南省花卉协会会长何东成、南阳市政府市长霍好胜为《2019世界月季洲际大会》小型张及《花中皇后　南阳月季》（第七组）邮票揭幕。

《花中皇后　南阳月季》（第一组）

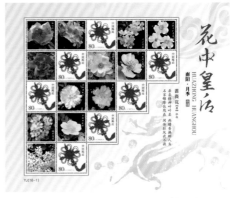

《花中皇后　南阳月季》（第二组）

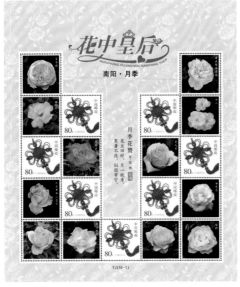

《花中皇后　南阳月季》（第三组）

《花中皇后　南阳月季》（第七组）

　　2013—2019年，南阳市邮政分公司已连续7年，发行《花中皇后　南阳月季》系列个性化邮票1200枚，打破了2013年计划连续6年六组、共1080枚月季邮票的发行规模。此次发行的第七组采用7托12枚和8托8枚两种版式，邮票主图为花卉个性化邮票专用图，附图为南阳月季。同步发行的圭亚那《2019世界月季洲际大会》小型张，主图为南阳月季'粉扇'，小型张边饰采用"2019世界月季洲际大会"会徽、南阳世界月季大观园及月季大舞台等元素，是继1996年中非共和国发行南阳《恐龙蛋化石》小全张邮票以来，第二套以南阳文化题材为表现内容的外国邮票，该套邮票的发行，是南阳月季、中国月季首次登上外国邮票，也是国外首次为中国举办的国际月季大会发行邮票。通过方寸邮票展现了南阳月季芬芳漫天、姿容多变的独特韵味，彰显南阳作为世界月季名城的无限魅力。

　　活动现场设置了月季主题邮局，提供邮品销售、邮戳加盖、DIY明信片制作以及包裹寄递等丰富的邮政文化服务。著名邮票设计家、《花中皇后　南阳月季》邮票设计者刘钊为邮迷签售留念。

　　大会期间还举办了《花中皇后　南阳月季》专题邮展和邮票图稿绘画比赛获奖作品展览，展出规模70框，包含《花中皇后　南阳月季》第一至七组全部个性化邮票；中外月季、花卉类邮集23框。

　　"童眼看世界，画笔绘乾坤"。现场展出《花中皇后　南阳月季》邮票图稿绘画比赛获奖作品13框。作品的形式有，国画、剪贴画、水彩画、油画等多种体裁；一幅幅朴实无华的作品，反映了孩子们对举办"2019世界月季洲际大会"的喜悦、对南阳月季市花的喜爱，体现了孩子们纯净的心灵和对自然与美的追求。

（八）《花中皇后　南阳月季》（第八组邮票）

　　香飘五洲十二载，南阳月季耀方寸。2021年4月29日，《花中皇后　南阳月季》个性化系列邮票第八组，在第十二届南阳月季花会开幕仪式上隆重首发，恰逢南阳月季花会自2010年连续举办12年，中国共产党建党100周年。12版144枚邮票与月季华彩绽放世界月季名城，在世界月季名园——南阳世界月季大观园新建成的西园月季花岛，通过云端和线下向中国和世界绽放南阳月季的美丽，一望无际、五颜六色的月季花海，精美的月季名片，交织成庆祝建党百年华诞的盛世欢歌。中国邮政集团有限公司河南省分公司副总经理孙东风与南阳市委书记张文深共同为《花中皇后　南阳月季》第八组邮票揭幕。

　　该套邮票版面采用8托12枚的特殊版式，呈阶梯形状排列，主图为月季花，附图为南阳144个月季名品。这是继前七组《花中皇后　南阳月季》邮票之后的又一力作，旨在通过方寸邮票展现南阳月季喷芳吐艳、姿态多变的独特韵味。活动现场举办中外月季邮票展，设置了月季主题邮局，同步发行了月季集邮研究会成立六周年纪念封，为广大游客和爱好者提供邮品销售、邮戳加盖、DIY

海格·布里切特（左）张占基（右）共同为艾瑞安·德布里（中）颁发月季集邮研究会高级顾问聘书

明信片制作以及鲜花寄递等丰富的邮文化服务。邮票设计家刘钊为邮迷签售留念。

至此，《花中皇后 南阳月季》个性化系列邮票已成功发行八组，共1300余枚月季邮票，成为世界邮票发行史上枚数最多的月季系列邮票，彰显了世界月季名城——南阳的文化魅力。

南阳邮政部门利用"方寸集天下万物，封片通五洲四海"的行业优势，以邮为媒，通过连续发行以月季为题材的邮票封片戳等，让南阳月季走向全国、走向世界，催生了全球月季集邮收藏热，已经发行的《花中皇后 南阳月季》个性化系列邮票邮品，备受集邮、月季爱好者追捧。世界月季联合会、中国花卉协会月季分会、和平月季家族法国梅昂公司、国际国内知名月季专家等也都收珍藏了《花中皇后 南阳月季》系列邮票。

（马　苏　孙莹莹）

二、月季集邮文化唱响国际盛会

2019年4月28~5月2日，"2019世界月季洲际大会"月季文化展、月季集邮文化论坛与"2019世界月季洲际大会"同期举办。本次活动由世界月季联合会、南阳市人民政府、中国花卉协会月季分会主办，"2019世界月季洲际大会"筹备工作指挥部办公室、南阳市林业局、中国邮政集团有限公司南阳市分公司、南阳市集邮协会、月季集邮研究会承办。活动仪式上，月季集邮研究会高级顾问、世界月季联合会前主席海格·布里切特、月季集邮研究会常务副会长兼秘书长张占基共同为世界月季联合会主席艾瑞安·德布里颁发聘书，聘请她为月季集邮研究会高级顾问。

本次展览分为：月季主题集邮展、月季博物画展、月季书法绘画和青少年月季邮票绘画图稿比赛获奖作品展。启用南阳世界月季大观园风景日戳，启用"2019世界月季洲际大会"暨中国第九届月季展开幕、"2019世界月季洲际大会"月季主题集邮展览、"2019世界月季洲际大会月季博物画展"纪念邮戳，启用北京、郑州、常州、德阳等月季市花城市及南阳区县19个月季主题展园纪念章，为集邮、月季爱好者和游人提供现场加盖服务。出版发行中英文《月季文化》一书，发行以著名邮票设计家、植物科学画家曾孝濂创作的月季画为主图的月季集邮研究会成立四周年纪念封。

晴日暖风生麦气，绿阴幽草盛花时。2020年5月，中国邮政集团有限公司批准南阳市作为《玫瑰》特种邮票首发原地。5月20日上午，南阳市"花开南阳·云赏月季"活动"2020与爱同行"

"2019世界月季洲际大会"会徽8枚版 　　　　　"2019世界月季洲际大会"吉祥物8枚版

《玫瑰》特种邮票首发仪式在南阳月季博览园隆重举行。活动由南阳市人民政府和中国邮政集团有限公司河南省分公司主办，中国邮政集团有限公司南阳市分公司、南阳市林业局、卧龙区人民政府、南阳市集邮协会、中国月季园承办。河南省邮政分公司、南阳市委宣传部、南阳市林业局、首届世界月季博览会组委会办公室、南阳市邮政分公司、卧龙区有关领导参加首发仪式。南阳市政府副秘书长王书延主持首发仪式。

南阳市政府副市长李鹏、河南省邮政分公司副总经理孙东风为《玫瑰》特种邮票发行揭幕。河南省邮政分公司集邮与文化传媒部总经理郭帅宣读了中国邮政集团有限责任公司"关于同意在河南省南阳市举办《〈玫瑰〉特种邮票首发式的批复》"。首届世界月季博览会组委会办公室副主任邹平洲、卧龙区委宣传部部长金键为抗疫一线医护人员赠送"终身免费"南阳月季博览园游园证。

首发仪式上，李鹏作了热情洋溢的致辞。他指出，邮票被誉为国家名片、微型百科全书、袖珍艺术宝库，方寸纸片载记着人类文明的发展进步，展现着博大世界的缤纷多彩。南阳历史悠久、文化厚重、山水灵秀、风景如画，是邮票资源大市，新中国成立后，国家先后发行南阳相关题材的邮票100多套近千枚，显著提升了南阳的知名度、美誉度、影响力、发展力，为促进南阳物质和精神文明建设作出了积极贡献。

活动现场设置了爱情主题邮局和月季主题邮局，为广大游客和爱好者提供月季、玫瑰邮票、邮品销售、月季、玫瑰纪念邮戳加盖、月季摄影个性化彩色照片打印、制作寄递等丰富的文化服务。

当天还举办了中外月季、花卉、南阳文化邮集展览，中外月季、花卉类邮集包含中国首套月季邮票设计家孙传哲设计的月季邮票及邮票图稿第一、二、三组，外国月季、蔷薇、玫瑰邮票、极限明信片、实寄封片，展现月季文化的南阳烟标、月季邮戳，以及中国发行的"十大名花"邮票、邮品及纪念封、明信片及邮戳等。南阳文化类邮集包含楚汉文化、"四圣"等著名人物邮票、邮品、封片戳，恐龙遗迹园、伏牛山世界地质公园、世界生物圈保护区等世界奇观邮票、邮品、封片戳，楚长城、"南水北调"等重大地标邮票、邮品、封片戳等，以方寸邮票独特的视角和生动的艺术形式，展现了南阳悠久的历史文化。

"2019 世界月季洲际大会"开幕纪念封

"2019世界月季洲际大会"小型张邮票

"2019世界月季洲际大会"大事件

2016 年

5月17日，南阳市政府向中国花卉协会月季分会递交"关于申请举办"2019世界月季洲际大会"的函"，阐述举办原由，月季分会同意申办。

5月18日～24日，南阳市政府组团参加北京市大兴区"2016世界月季洲际大会"。期间，南阳市政府分管领导与中国花卉协会月季分会会长张佐双，共同向世界月季联合会主席凯文·特里姆普先生、会议委员会主席海格·布里切特女士沟通汇报。申请南阳市承办"2019世界月季洲际大会"。世界月季联合会同意9月对南阳进行前期申办考察。

8月17日，南阳市政府市长霍好胜主持市政府第31次常务会议，原则通过申办"2019世界月季洲际大会"有关工作。

9月2日，南阳市委常委会听取申办工作情况汇报，决定申办"2019世界月季洲际大会"。

9月10日～11日，世界月季联合会考察组对南阳市申办"2019世界月季洲际大会"相关事宜进行专题考察。南阳市委书记穆为民接见考察组一行，市长霍好胜向考察组汇报申办工作并做出签字承诺。通过实地考察、座谈和听取汇报，考察组一行对南阳的申办工作和月季产业发展给予充分肯定和赞誉。世界月季联合会主席凯文·特里姆普先生表示："南阳整个申办工作团队高效有力，申办汇报材料职业、专业、高水准，支持南阳申办"2019世界月季洲际大会"，相信能够举办一届高水平、有特色的世界月季盛会"。

9月11日，南阳市政府向世界月季联合会递交承办申请书。考察结束后，世界月季联合会理事会成员国通过网上投票表决，确定"2019世界月季洲际大会"在中国南阳举办。

10月2日，世界月季联合会批准中国南阳申办"2019世界月季洲际大会"。

10月10日，南阳市政府市长霍好胜带领市林业局、南阳市城市管理局、南阳市规划局、卧龙区、城乡一体化示范区等单位负责人，深入兰湖森林公园、城乡一体化示范区进行实地考察，为筹办世界月季洲际大会主题公园选址。

11月6日～13日，南阳市政府、中国花卉协会月季分会一行7人，联合组团赴乌拉圭埃斯特角参加世界月季洲际大会，并顺访阿根廷布宜诺斯艾利斯，签署月季友好合作协议。大会期间，南阳代表团宣传推介南阳与南阳月季，学习国际大会筹办经验，并与世界各国代表充分交流学习。

11月21日，南阳市政府市长霍好胜主持召开第36次常务会议，听取南阳市林业局关于《"2019世界月季洲际大会"筹备工作方案》情况汇报。霍好胜提出：要以花为媒，以会为题，借

题发挥，乘胜而上，促进发展，扩大开放，凝聚人心，树立形象。

2017 年

2月7日，南阳市委书记张文深主持召开市委常委会，研究"2019世界月季洲际大会"筹备工作，听取前期筹备工作情况汇报。他指出，筹备办好世界月季洲际大会，对于提升南阳城市形象，加快培育形成新的主导产业，打造高效生态经济示范市，意义十分重大。

2月27日，南阳市委、市政府印发《关于成立南阳市"2019世界月季洲际大会"筹备工作指挥部的通知》，决定成立大会筹备工作指挥部，市委书记张文深任政委，市长霍好胜任指挥长，指挥部下设综合协调组、会展中心建设及资金筹措监审组、基础设施建设组、月季产业发展组、月季公园建设及综合环境提升组、文化旅游外事组、宣传教育及市民素质提升组、效能督查组等8个工作机构，具体负责大会各项筹备工作。

2月28日，中国花卉协会月季分会会长张佐双、河南省花卉协会会长何东成在南阳市政府市长霍好胜、南阳市林业局局长赵鹏陪同下，调研南阳市月季产业发展和"2019世界月季洲际大会"月季主题公园建设情况。同日，南阳市委、市政府召开"2019世界月季洲际大会"筹备工作动员会。南阳市委书记张文深指出，要提高站位、高度重视，充分认识举办世界月季洲际大会的重要意义；要抓住机遇，借题发挥，让南阳走向世界，让世界了解南阳；要精心组织，加强领导，高质量完成各项筹备工作任务。

3月1日，中国花卉协会月季分会、河南省花卉协会、南阳市政府三方召开第一次联席会议。张佐双、何东成、霍好胜及南阳市林业局、城乡一体化示范区负责人等参加，就筹办大会有关事项进行磋商，达成共识。

3月7日，南阳市政府市长霍好胜带领南阳市林业局、卧龙区有关负责人，深入卧龙区紫山、月季产业基地进行调研指导。

3月16日，南阳市委副书记王智慧带领南阳市林业局、城乡一体化示范区、卧龙区有关负责人，深入"一主两副"月季园、月季产业基地调研指导。

3月24日，南阳市委、市政府印发《关于建立市级领导分包重大专项工作分工的通知》，将"世界月季名城暨特色花卉苗木基地建设"确定为重大专项。

3月28日，南阳市政府召开第八届南阳月季花会筹备工作推进会，南阳市政府副秘书长王书延强调，要认识到位、明确责任、抓出实效，保质保量完成四大任务；要努力工作，确保月季花会圆满成功。

4月7日，南阳市政府办公室印发《南阳市月季大师评选工作方案》。

4月28日，第八届南阳月季花会在南阳月季公园举办。

4月29日，"2019世界月季洲际大会"筹备工作汇报会召开。世界月季联合会主席凯文·特里姆普，世界月季联合会前主席海格·布里切特，中国花卉协会月季分会会长张佐双，世界月季联合会副主席、中国花卉协会月季分会常务副会长赵世伟，南阳市政府市长霍好胜，南阳市委常委、常务副市长原永胜等参加。

5月3日，南阳市政府市长霍好胜主持召开市政府第49次常务会议，研究"2019世界月季洲际大会"筹备工作。

5月11日，南阳市林业局局长赵鹏主持召开"世界月季名城暨特色花卉苗木基地建设"座谈会。与会人员围绕世界月季名城及特色花卉苗木基地建设主题，深入讨论，建言献策。

6月5日，"2019世界月季洲际大会"一主两副月季园初步设计方案完成。

6月11日~18日，南阳市政府、中国花卉协会月季分会组团参加"斯洛文尼亚世界月季洲际大会"（中欧和东欧区）。与会人员收看了"花开南阳"宣传片；世界月季联合会副主席、中国花卉协会月季分会常务副会长赵世伟对南阳"2019世界月季洲际大会"进行宣传推介，引起与会代表广泛关注，对南阳月季产业的规模发展和丰厚的城市文化内涵留下深刻的印象。代表团在会场设置了咨询台，发放南阳宣传资料，并与各国参会代表进行了深度交流。会议期间，世界月季联合会主席凯文·特里姆普先生、世界月季联合会会议委员会主席海格·布里切特女士等，与南阳代表团就筹备"2019世界月季洲际大会"进行了交流，对南阳筹办工作给予肯定，希望南阳扎实做好各项筹办工作，力争举办一届精彩的月季盛会。

6月15日，世界月季名城建设实施方案征求意见座谈会召开。南阳市人大常委会副主任程建华、南阳市政府副秘书长王书延、南阳市林业局局长赵鹏等单位负责人参加。程建华要求，市林业局要聚焦专题，突出特色，抓住关键，强力推进；要结合各单位提出的意见，认真吸纳，修订完善，确保尽快形成高质量的实施方案。

8月1日，中国花卉协会月季分会会长张佐双、副会长王波指导"2019世界月季洲际大会"筹备工作，南阳市政府市长霍好胜就名优月季新品种引进、月季研究中心建设进行深度交流。

8月14日，南阳市委常委、副市长范双喜，副市长郑茂杰、朱海军，专题研究部署"2019世界月季洲际大会"有关筹备问题。

9月12日，"2019世界月季洲际大会"筹备工作座谈会在北京召开。中国花卉协会月季分会会长张佐双、世界月季联合会副主席、中国花卉协会常务副会长赵世伟、副会长王波，国家园林城市专家委员会顾问张树林、国务院参事刘秀晨等专家应邀参加，就大会举办建言献策。南阳市政府市长霍好胜、副市长刘庆芳、市政协副主席王黎生、市政府副秘书长郝以昆、城乡一体化示范区主任金浩、市林业局、城管局、水利局主要负责人及有关人员参加座谈会。霍好胜指出，与会各单位要结合专家提出的意见和建议，全力做好各项筹备工作，抓好新品种引进，建设月季科普基地、月季种质资源库，力争举办一届圆满成功的世界月季盛会。

9月13日，南阳市政府副市长刘庆芳带领市政府办公室、南阳市林业局、南阳市城市管理局有关负责人，赴北京市大兴区、延庆区考察学习办会情况。

9月26日，南阳市政府召开"2019世界月季洲际大会"月季园规划设计汇报会，听取了月季园规划设计汇报，北京林业大学副校长李雄、南阳市政府市长霍好胜、副市长刘庆芳、城乡一体化示范区主任金浩、南阳市政府秘书长胡云生及南阳市发展改革委员会、南阳市财政局、南阳市林业局等13个单位负责人参加会议。北京林业大学副教授、项目负责人张云路就南阳世界月季大观园规划设计方案进行汇报，与会人员提出意见和建议。

9月26日，南阳市委书记张文深会见北京林业大学副校长李雄一行，南阳市委常委、秘书长景劲松，南阳市政府副市长刘庆芳，市政府副秘书长郝以昆及南阳市林业局局长赵鹏一同听取月季大观园规划设计汇报。张文深对规划设计给予高度肯定，认为设计非常有特色、非常符合南阳实际，洲际大会剩一年半时间，时不我待，卓有成效开展工作，抓紧推进，把蓝图变为现实，造福南阳人民。

10月22日，《南阳世界月季大观园规划设计方案》评审会召开。中国花卉协会月季分会会长张佐双、世界月季联合会副主席、中国花卉协会月季分会常务副会长赵世伟，河南农业大学教授、博士生导师田国行、河南省风景园林学会副秘书长、教授级高级工程师殷子伟，南阳市城乡规划局注册规划师王群彦等组成专家评审组，对月季园规划设计方案进行评审。南阳市政府副市长刘庆芳、副秘书长郝以昆、南阳市林业局局长赵鹏等单位负责人及专家参加评审会。规划设计单位对《南阳世界月季大观园规划设计方案》进行专题汇报，与会领导及专家对方案提出意见和建议。评审组专家一致通过月季园规划设计方案。

10月23日，南阳市政府市长霍好胜主持召开"2019世界月季洲际大会"筹备工作会议，专题听取南阳世界月季大观园规划设计方案汇报，并就规划建设等问题进行研究部署。南阳市委常委、常务副市长景劲松，副市长刘庆芳及市政府办、城乡一体化示范区、南阳市林业局、南阳市城市管理局主要负责参加。

10月30日，南阳市政府副市长刘庆芳带领洲际大会筹备指挥部办公室、南阳市林业局、南阳市城市管理局、南阳市国土局、南阳市规划局、卧龙区、城乡一体化示范区及有关单位负责人，深入南阳月季博览园、南阳月季公园、南阳世界月季大观园，专题督导月季园区规划建设提升工作。

10月31日，南阳市委副书记王智慧到"2019世界月季洲际大会"筹备工作指挥部现场办公，专题听取大会筹备工作进展情况。

12月28日，南阳市政府新闻办召开新闻发布会，通报"2019世界月季洲际大会"筹备工作情况。

2018 年

1月24日，南阳市特色花卉苗木产业发展战略研讨会在中国农业大学举行。北京林业大学原副校长、国家花卉工程技术研究中心主任张启翔教授主持研讨会，中国农业大学园艺学院院长韩振海教授、北京市园林科学研究院总工程师赵世伟博士、中国科学院植物所石雷研究员等专家教授以及南阳市林业局局长赵鹏、副调研员闫庆伟等有关人员参加研讨会。与会人员围绕南阳市特色花卉苗木产业发展战略规划进行研讨，建言献策。

2月28日，南阳市政府副市长谢松民带领相关部门负责人到大会筹备工作指挥部现场办公，解决项目建设中遇到的困难和问题。

3月1日，南阳市委书记张文深现场办公，实地督导月季大道、月季大观园等项目建设。

3月2日，南阳市"2019世界月季洲际大会"筹备工作指挥部办公室召开外宾注册网站建设工作推进会，南阳市林业局调研员、指挥部办公室副主任邹平洲就有关工作进行安排部署。

3月21日，南阳市委副书记王智慧深入市中心城区，实地调研指导世界月季洲际大会筹备工作，察看中心城区月季大道、月季大观园、月季博览园改造提升工作进展情况。

4月16日，"2019世界月季洲际大会"南阳月季园城市展园建设工作动员会议召开。南阳市委副书记王智慧、副市长谢松民参加会议。会后，南阳市有关局委负责人在市四大家领导带领下外出邀展，成功邀请北京、郑州、常州、莱州、德阳5个城市参展建园。

4月17日，中国·南阳第十五届玉雕文化节暨第九届月季花会筹备工作动员会召开。南阳市领导张富治、刘荣阁、刘庆芳、柳克珍参加。

4月17日，第九届南阳月季花会月季赠送活动启动，南阳市政府副市长谢松民参加并向广大市民赠送月季。

4月27日，"2019世界月季洲际大会"筹备工作座谈会召开。世界月季联合会主席凯文·特里姆普、世界月季联合会会议委员会主席海格·布里切特、中国花卉协会月季分会会长张佐双、世界月季联合会副主席、中国花卉协会月季分会常务副会长赵世伟、河南省花卉协会会长何东成、南阳市委副书记王智慧、南阳市政府副市长谢松民等出席会议。与会人员观看了"2019世界月季洲际大会"宣传片，谢松民汇报了筹备工作进展情况。与会专家针对当前筹备工作中存在的具体问题，把脉问诊，深入探讨，提出了建设性的意见和建议。

4月28日，南阳市政府市长霍好胜深入城乡一体化示范区，就重点项目建设工作进行调研。他指出，要抢抓施工黄金季节，统筹协调，科学调度月季大观园、月季大道及东环路、高铁连接线等项目建设工作，确保重点项目如期建成投入使用。

4月26日，"中国·南阳第十五届玉雕文化节暨第九届月季花会"在南阳市体育场开幕。南阳市委书记张文深致辞，南阳市政府市长霍好胜主持。开幕式上，凯文·特里姆普、杨淑艳、何东成、张军政共同为《花中皇后 南阳月季》（第六组）个性化月季邮票发行揭幕；姜继鼎、张文深共同按下启动球，启动"老家河南·避暑南阳"文化旅游节。仪式结束后，与会领导嘉宾观看了文艺节目，参观了月季精品展等展览。

5月11日，南阳市政府副市长谢松民带领南阳市林业局、南阳市"2019世界月季洲际大会"筹备工作指挥部办公室负责人等有关人员，到北京中国花卉协会月季分会汇报"2019世界月季洲际大会"筹备工作。

5月17日，南阳市委副书记王智慧到南阳月季园调研，实地查看月季种植试验地块情况。

6月10日，世界月季联合会副主席、中国花卉协会月季分会常务副会长赵世伟指导2109年世界月季洲际大会筹备工作。

6月11日，南阳市委宣传部组织有关专家，审定"2019世界月季洲际大会"形象宣传片。

6月28日~7月6日，南阳市政府、中国花卉协会月季分会联合组团，赴丹麦哥本哈根参加第十八届世界月季大会。会上，与会人员收看了南阳"2019世界月季洲际大会"宣传片；世界月季联合会副主席、中国花卉协会月季分会常务副会长赵世伟就"2019世界月季洲际大会"筹办作了专题报告，全面介绍了南阳历史文化、会议设施、旅游及月季产业发展等情况，利用多媒体让与会代表全方位了解美丽南阳，并诚挚邀请与会代表2019年相聚南阳参加世界月季洲际大会。代表团在会场设置了咨询台，发放南阳宣传资料，与各国参会代表进行深度交流。

7月11日，"2019世界月季洲际大会"城市展园规划设计方案审定会召开。南阳市林业局、南阳市城市管理局、南阳市农业局、城乡一体化示范区分管领导及11个县（市）项目分管领导、设计方代表等80余人参加审定会。会议邀请北京林业大学副校长李雄，郑州绿化工程管理处主任李欣等5人组成专家审定委员会，对郑州、莱州和市属11县市、南阳东道主展园规划设计方案逐一进行审定，并提出意见。

7月16日，南阳市政府市长霍好胜在城乡一体化示范区调研南阳世界月季大观园建设情况时指出，要主动作为、强化保障、精心打造、精益求精，以重大项目的全面突破，为重要区域中心城市建设提供坚实支撑。

7月28日，"2019世界月季洲际大会"筹备工作汇报会召开。中国花卉协会月季分会会长张佐双、世界月季联合会副主席、中国花卉协会常务副会长赵世伟、副会长王波、南阳市政府副市长谢松民等出席会议。会上，谢松民汇报大会筹备工作进展情况，与会专家对大会筹备工作取得的阶段性成效给予肯定，对南阳成功举办一届特色彰显的月季专业性盛会充满期望和信心，对今后的筹备

工作提出建设性意见和建议。

8月15日，"2019世界月季洲际大会"主题口号、会徽和吉祥物确定。

8月22日，"2019世界月季洲际大会"筹备工作推进会召开。会议通报筹备工作进展情况，印发《关于明确"2019世界月季洲际大会"有关筹备工作的通知》。南阳市委副书记王智慧指出，要进一步振奋精神，明确任务，落实责任，加速推进，确保各项筹备工作落地落实，为举办一届隆重大气、精彩圆满的月季盛会奠定坚实基础。

8月28日，河南省花卉协会会长何东成深入南阳塔子山梅花基地、南阳嘉农玫瑰基地，调研指导工作。

8月29日，城市展园举行开工奠基仪式，南阳市委副书记王智慧、中国花卉协会月季分会会长张佐双、河南省花卉协会会长何东成、中电建路桥集团有限公司华中公司总经理彭海松、南阳市领导刘树华、李甲坤、李建涛，城乡一体化示范区管委会主任金浩及有关代表共100余人参加开工奠基仪式。同日，召开南阳世界月季大观园城市展园建设工作推进会。

9月26日～27日，世界月季联合会考察指导"2019世界月季洲际大会"筹备工作。世界月季联合会主席凯文·特利姆普、会议委员会主席海格·布里切特、杰拉德·梅兰、中国花卉协会月季分会会长张佐双、世界月季联合会副主席、中国花卉协会月季分会常务副会长赵世伟、河南省花卉协会会长何东成一行，考察指导"2019世界月季洲际大会"筹备工作，并参加第五次筹备工作汇报会。考察组一行实地考察南阳世界月季大观园、南阳嘉农玫瑰基地、南阳玉器厂、烙画厂，对大会筹备工作给予肯定。期间，南阳市委书记张文深、南阳市政府市长霍好胜接见凯文·特里姆普一行，并就大会筹备工作进行深入交流。

9月28日～29日，南阳市组团赴四川德阳参加第八届中国月月季展，宣传推介"2019世界月季洲际大会"。南阳市委常委、宣传部长张富治出席第八届中国月季展开幕式和颁奖晚会暨会旗交接仪式，代表南阳接过第九届中国月季展举办大旗。在第八届中国月季展上，南阳获得优秀组织奖、室外展园造园金奖、盆栽月季精品展金奖等多个奖项。

10月10日上午，南阳市政府副市长李鹏专题调研世界月季洲际大会筹备工作。李鹏深入南阳世界月季大观园实地查看东园、西园、月季大道等在建工程建设进展情况，详细了解工程建设中存在的问题并听取了示范区工作汇报。他强调，当前距洲际大会举行不足7个月时间，要以时不我待、只争朝夕的责任感和紧迫感，采取有力措施，加快筹备工作步伐，确保成功举办一届水平一流、特色彰显、精彩圆满的世界级月季盛会。

10月12日，南阳世界月季大观园城市展园建设工作推进会召开。南阳市政府副秘书长王书延主持会议，南阳"2019世界月季洲际大会"筹备工作指挥部办公室常务副主任康连星安排部署县市区城市展园建设工作。会议指出，当前距大会举办不足7个月时间，建设时间紧、任务重，要采取有力措施，加快城市展园建设步伐。

10月29日，南阳"2019世界月季洲际大会"筹备工作指挥部办公室召开"2019世界月季洲际大会"月季专类展邀展会，明确邀展责任单位和工作任务。

11月24日～25日，"2019世界月季洲际大会暨第九届中国月季展"专类展筹备工作会议召开。张佐双、赵世伟、王波，北京、天津、江苏、新疆、贵州等15个省市自治区32个城市的园林（林业）绿化管理部门的领导，国内有关植物园、月季公园、月季企业、月季科研院所的专家学者、业内精英以及市林业局、南阳市城市管理局、卧龙区、城乡一体化示范区、南阳市"2019世界月季洲际大会"筹备工作指挥部办公室分管负责人等与会领导、专家，就"2019世界月季洲际大会"月季专类展筹备及组织、月季园艺化应用、产业发展等问题进行座谈交流，并就明年大会期间的展评项目设置、展区展位规划、展品要求等具体事项达成初步共识。

12月6日，南阳市政府市长霍好胜到城乡一体化示范区，调研世界月季洲际大会筹备工作。他要求，要明确目标任务，坚持问题导向，树牢有解思维，以只争朝夕、分秒必争的干劲，高质高效推进各项筹备工作，把世界月季洲际大会打造成为一届永不落幕的月季盛会。

12月11日，河南省林业局局长秦群立、副局长杜清华深入南阳世界月季大观园，调研指导月季洲际大会筹备工作。

12月23日~24日，"2019世界月季洲际大会"筹备工作联席会在北京召开。会议就大会月季专业花事活动项目策划组织、国际月季学术论坛演讲主题确定及国际演讲嘉宾邀请等会务工作进行研究商定。中国花卉协会月季分会会长张佐双、世界月季联合会副主席、中国花卉协会月季分会常务副会长赵世伟、南阳市林业局副调研员闫庆伟和大会指挥部办公室有关负责人参加。

2019 年

1月15日，"2019世界月季洲际大会"倒计时100天千人誓师大会筹备工作会召开。会上，南阳。会上，南阳市委宣传部副部长武安林宣读《"2019世界月季洲际大会"倒计时100天千人誓师大会活动方案》，进一步明确相关单位的职责。南阳市政府副市长李鹏指出，世界月季洲际大会是南阳有史以来举办规模最大、规格最高的国际性专业花事盛会，南阳市委、市政府高度重视大会筹办工作，把其作为推动南阳实现大突破、大跨越、大发展的重大机遇。誓师大会的举办是进一步营造深厚社会氛围，动员全市相关单位以高度紧迫感和责任感推动筹备工作再次掀起建设高潮。

1月18日，南阳市召开"2019世界月季洲际大会"倒计时100天千人誓师大会。南阳市委副书记曾垂瑞，南阳市委常委、宣传部长张富治，南阳市人大常委会副主任庞震凤，南阳市政协副主席李德成出席会议，卧龙区、宛城区人民政府、城乡一体化示范区、高新区管委会和市直各有关单位的主要负责同志及干部职工代表、青年志愿者等千余人参加会议。会上，与会领导为首批荣获"南阳月季大师"荣誉称号的获奖人员颁发荣誉证书，"南阳月季大师"代表赵磊、卧龙区委办公室主任李廷武、城乡一体化示范区党工委书记赵荣朕、南阳世界月季园建设单位代表彭海松分别发言，青年志愿者代表李航宣读倡议书。曾垂瑞讲话并宣布"2019世界月季洲际大会"倒计时100天提速攻坚行动启动。

1月30日，南阳市委副书记曾垂瑞对"2019世界月季洲际大会"筹备工作进行专题调研。他实地察看高速南阳站、独山站月季特色景观提升进展情况，东改线南阳月季产业景观带及部分月季种植企业等提升改造情况，详细了解月季景观提升、管护景观房改造等情况，并就筹备工作中遇到的具体问题现场办公解决。

2月16日，"2019世界月季洲际大会"南阳世界月季园暨相关重大工程建设现场推进会召开。会上，指挥部办公室通报大会整体筹备工作进展情况，城乡一体化示范区和各县市区分别汇报南阳世界月季园和各城市展园的工作进展及完成展园建设的时间节点，中电建等建设单位代表发言。南阳市委副书记曾垂瑞对下一阶段的筹备任务进行再安排、再部署。南阳市政府副市长李鹏要求，各责任单位要以这次会议为契机，全力以赴做好各项筹备工作。

2月20日，中国花卉协会月季分会会长张佐双、世界月季联合会副主席、中国花卉协会月季分会常务副会长赵世伟、副会长王波等领导、专家，指导"2019世界月季洲际大会"筹备工作。会上，南阳市"2019世界月季洲际大会"筹备工作指挥部办公室汇报大会筹备工作进展情况及有关需要商定的事宜，南阳市招商局和会展服务中心、南阳市林业局分别汇报大会开闭幕式筹备进展情况和月季专类展筹备情况。会议商定"2019世界月季洲际大会"会议报批、国内外嘉宾邀请和注册分类、"2019世界月季洲际大会"会议日程安排、月季专类展布展、月季新品种引进等会务工作。南阳市林业局局长余泽厚强调，当前距大会开幕仅剩65天时间，各项工作已到最后冲刺阶段，要切实提高思想站位，牢固树立精品意识，加强研究谋划，确保举办一届美轮美奂、精彩圆满的国际盛会。

3月6日，南阳市委、市政府召开"2019世界月季洲际大会"筹备工作推进会。会上，南阳市"2019世界月季洲际大会"筹备工作指挥部办公室通报大会整体筹备工作进展情况及当前亟须协调解决的有关问题，城乡一体化示范区、南阳市中医药发展局、市文化广电和旅游局、市广播电视台等单位分别汇报分管工作筹备进展及需要协调解决的问题，南阳市委副书记曾垂瑞、南阳市政府副市长李鹏就筹备工作中遇到的具体问题现场办公，逐一分析研究，交办明责，落实问效。

3月10日，南阳市政府副市长李鹏到南阳世界月季大观园建设工地，实地察看园区建设进展情况，并就卧龙书院、月季大舞台、月季花街等核心功能建筑及城市展园建设、"2019世界月季洲际大会开"幕式、颁奖及会旗交接仪式现场布置搭建等工作进行现场办公。李鹏指出，当前距"2019世界月季洲际大会"开幕仅有不到50天时间，各项筹备工作已到最后冲刺阶段。各级各相关单位要抓紧时间，保证质量，统筹兼顾，精心组织，抢抓黄金施工期，在保证质量的前下加快施工进度；要不等不靠，密切协作，形成合力，积极高效开展各项筹备工作，确保如期举办一届精彩圆满、特色彰显、无与伦比的世界级月季盛会。

3月13日，南阳市政府副市长李鹏到指挥部办公室调研指导大会筹备工作，并就急需解决的问题进行现场办公。会上，李鹏就大会招商、赞助，纪念品设计定制，月季花事活动细化，南阳世界月季大观园安全供水和"2019世界月季洲际大会"开幕式、会旗交接仪式等具体问题听取汇报，解决问题。

3月18日，南阳市政府副市长李鹏深入南阳月季公园、东改线月季产业景观带、南阳月季博览园实地查看月季景观提升改造情况，调研指导大会筹备工作。李鹏指出，要加强"东改线"月季产业景观带的环境卫生治理工作，严格落实"门前五包"责任制，确保周边环境干净整洁。要高标准规范设置月季产业景观带沿线月季种植园的管护用房、招牌、标识、绿篱，做好整体环境打造提升。要卡紧时间节点，加快工作推进，把月季产业景观带打造成展示南阳月季产业的窗口。要加强科学谋划，做大做强月季产业，发挥产业示范带动作用，打响南阳月季品牌，促进经济社会发展。

3月28日，南阳召开"2019世界月季洲际大会"倒计时30天筹备攻坚大会。南阳市政府市长霍好胜、南阳市委副书记曾垂瑞、南阳市委常委、宣传部长张富治、南阳市人大常委会副主任金浩、李长江、南阳市政府副市长马冰、李鹏、南阳市政协副主席李德成、南阳市检察院检察长薛长义等领导出席会议。南阳市政府市长霍好胜指出，"2019世界月季洲际大会"是我市有史以来承办的规格最高、规模最大的一次国际性专业盛会。要通过筹办此次大会，弘扬正气、凝聚人心、锻炼队伍、树立形象、形成导向、推动工作、促进发展。全市各级各部门要按照市委、市政府的安排部署，对照方案，只争朝夕，决战决胜，全力冲刺，大干30天，确保如期完成各项筹备工作。

3月底前，北京、郑州、常州、莱州、德阳等5个月季市花城市展园、南阳东道主园和南阳所辖

13个县市区展园，经过精心打造全部建成。

4月2日，南阳市政府市长霍好胜、南阳市委副书记曾垂瑞、南阳市委常委、宣传部长张富治、南阳市政府副市长李鹏到南阳市"2019世界月季洲际大会"筹备工作指挥部办公室，调研指导大会筹备工作。霍好胜指出，各责任单位要只争朝夕，加倍努力，用心工作，确保大会圆满成功。

4月11日，"中国·南阳2019世界月季洲际大会"暨第九届中国月季展新闻发布会举行。南阳市政府副市长李鹏、南阳市委副秘书长刘鹏玉、南阳市中医药发展局局长刘玉斌、南阳市委宣传部常务副部长王兵等领导参加。发布会通报了"2019世界月季洲际大会暨第九届中国月季展"的基本情况、筹备工作进展情况以及"中国·南阳第十六届玉雕文化节""2019第三届中国艾产业发展大会"和县市区城市展园主题活动日"三个专项活动"筹备工作进展情况。南阳市林业局、南阳市中医药发展局、南阳市节会活动办公室等部门新闻发言人回答了记者提问。

4月22日，"2019世界月季洲际大会"筹备工作现场办公会召开。霍好胜指出，目前筹备工作进入关键时期，各级各部门要瞄准安全有序、精彩隆重、务实节俭这个现实目标和举办一届永不落幕的月季大会这个长远目标。南阳市委书记张文深强调，要提高站位，进一步细化责任分工，严格落实工作方案，加强组织演练，及时发现并解决问题，确保各项工作万无一失，以最高标准举办一场世界级月季盛会。

4月28日上午，"2019世界月季洲际大会暨第九届中国月季展"在南阳世界月季大观园开幕。南阳市政府市长霍好胜代表南阳市委、市人大、市政府、市政协和南阳人民，对与会领导和嘉宾表示热烈欢迎。他说，南阳是世界月季原产地、"中国月季之乡"，享有"南阳月季甲天下"的美誉。南阳市委、市政府把月季产业作为民生产业、绿色产业、朝阳产业和甜蜜的事业，纳入乡村振兴战略、生态文明建设和经济社会发展大局统筹谋划，月季产业发展不断迈上新台阶。我们将以此次盛会为载体，让大家与美丽的月季邂逅、与丰富的文化沟通，举办一届美轮美奂、无与伦比、永不落幕的月季盛会。同时，我们将以此次盛会为平台，进一步扩大开放、深化合作，打响南阳月季品牌，打造世界月季名城，在建设美丽中国的生动实践中实现南阳高质量发展。世界月季联合会主席艾瑞安·德布里对南阳为"2019世界月季洲际大会"成功举办做出的努力表示感谢。她说，南阳不仅是中国的月季花园，更是中国月季产业的"心脏"，世界月季联合会一直在助力南阳打造月季产业和文化协同发展的示范城市。相信通过此次大会，世界各地的嘉宾一定会欣赏到这座城市美丽多姿的景色，留下精彩而难忘的回忆。中国花卉协会副秘书长杨淑艳在讲话中说，南阳"2019世界月季洲际大会"的成功召开，必将对加强世界各国在月季领域的合作，推广世界月季研究新成果，推动世界月季产业发展产生积极而深远的影响。希望大家充分交流，深入探讨，加强合作，增进友谊，共同为推动世界月季产业的发展作出新的更大贡献。中国花卉协会月季分会会长张佐双说，南阳积极推动以月季为主的花卉产业发展，契合了建设生态文明和美丽中国这一时代主题。相信在创建高效生态经济示范市、建设世界月季名城的生动实践中，南阳月季必将惊艳世界、享誉五洲。十二届全国政协副主席齐续春、马培华，十一届全国政协人口资源环境委员会副主任李金明，世界月季联合会主席艾瑞安·德布里，中国花卉协会副秘书长杨淑艳，省政协副主席李英杰，国家林业和草原局生态保护修复司副司长马大轶，中国花卉协会月季分会会长张佐双，省花卉协会会长何东成，南阳市政府市长霍好胜共同启动"2019世界月季洲际大会暨第九届中国月季展"。开幕式上举行《2019世界月季洲际大会》纪念邮票及《花中皇后　南阳月季》（第七套）月季邮票揭幕仪式。开幕式结束后，与会领导和嘉宾参观了南阳世界月季大观园。

9月18日，南阳市委、市政府召开"2019世界月季洲际大会"总结表彰会，回顾总结"2019世界月季洲际大会"筹办工作，动员全市上下进一步统一思想，坚定信心、聚焦重点、精准发力，持续推进月季等特色产业发展，叫响南阳月季品牌，助推南阳高质量建设大城市。南阳市委书记张文深代表市委、市人大、市政府、市政协向三年来为大会举办付出辛勤努力和心血汗水的全市广大干群表示衷心感谢和亲切慰问。他指出，南阳"2019世界月季洲际大会"成功举办，办出了中国月季之乡特色，办出了国际性专业花事盛会水平，办出了世界月季名城形象，被赞誉为"一届传播月季知识、普及月季技术、弘扬月季文化的盛会，一届凝聚业界共识、增进交流合作、助推产业发展的盛会，一届安全有序、美轮美奂、永不落幕的盛会"，提升了南阳月季和南阳城市的知名度、美誉度、影响力、发展力，实现了社会、经济、生态、文化效益多赢的目标。希望全市上下再接再厉，凝心聚力，以申办首届世界月博览会和世界月季大会为载体，以推进南阳月季规模化、标准化、产业化、市场化发展为方向，持续在扩规模、延链条、强品牌、提效益上下功夫，全力加快月季产业转型升级步伐，积极为南阳高质量建设大城市作出新的更大贡献。南阳市政府市长霍好胜在讲话中指出，持续申办世界月季花事活动，是做优特色、叫响品牌的需要，是加快发展、提升水平的需要，是改善民生、增进福祉的需要。要统筹兼顾，突出重点，积极申办好首届国际月季博览会、建设好月季景观带、提升好城市形象，进一步扩大发展规模、拉长产业链条、丰富文化内涵，全面提升开放水平、提升文旅水平、加快新城区发展。要强化责任、狠抓落实，加强领导、加强扶持、加强宣传，做大做强月季产业，打响叫响南阳月季品牌。会上下发了《南阳市人民政府关于加快月季产业发展的意见》，播放"2019世界月季洲际大会"筹办工作总结汇报宣传片，表彰先进，南阳市林业局、城乡一体化示范区、卧龙区分别作典型发言。

世界月季名城（南阳）建设标准

1. 月季园林应用

1.1城市绿地系统月季栽植率不低于30%、品种600个以上，建设标准高、品种多、应用新、栽植广的城市月季绿化美化综合体系，将中心城区月季园林应用引领国内外。

1.2建有南阳世界月季大观园、中国月季园（南阳月季博览园）以及南阳月季公园等月季名园。

1.3中心城市建设一批月季公园、月季游园、月季大道、月季庭院。

1.4每个县城至少建设两条月季大道（长度1000m以上）、两处以上月季游园（面积100亩以上）和两处以上月季基地。

1.5建设月季特色小镇、月季乡村、月季人家；在广大农村推广种植月季，鼓励农民在房前屋后、文化广场栽植月季，绿化美化乡村，使月季花开城乡。

1.6旅游景区、景点增植月季，增加月季配置比例，提升景观水平。

2. 月季产业发展

2.1打造国内最大、世界知名的月季（玫瑰）种苗生产（繁育）基地，成为农民增收致富的重要产业。

2.1.1月季育苗面积达到10万亩以上，苗木培育引领全国。

2.1.2打造一批月季育苗特色产业带，带动月季产业发展。

2.1.3以月季种植企业、专业合作组织、大户为龙头，培育一批规模面积500亩以上的月季生产基地。

2.2推进以月季、玫瑰为主的产品加工业。

2.2.1培育龙头企业，引进精深加工企业，全市月季精深加工龙头企业10家以上。

2.2.2发展月季鲜切花、插花、化妆品、医药品、保健品、食品、酒水、饮料、茶、礼仪用品等产业。

2.2.3建立月季交易网，充分利用"互联网+"，实施线上线下交易，打造辐射全国的月季产业信息发布平台和现代物流交易平台。

2.3依托资源优势，发展以生态旅游、花卉康养为主的第三产业。

2.3.1加强南阳世界月季大观园、南阳月季博览园旅游配套设施建设，提升接待服务能力，建成

全国知名月季旅游景区。

2.3.2依托月季产业带，打造以月季为主题的生态旅游观光廊道。

2.3.3建设以月季为主的花卉康养小镇，促进康养产业发展。

3. 月季研发创新

3.1全市新引进月季品种4000个、总数突破1万个品种，建立国家月季种质资源库。

3.2建设月季国家林木种质资源库、国际月季研究测试中心，用于国内外月季新品种的检测、评定、组培、繁育以及适应性研究和推广应用。

3.3选择优良月季品种，开展杂交实验，培育申报一批月季新品种。

3.4建立月季（玫瑰）种苗生产（繁育）及分级标准体系，形成全国性行业标准。

3.5定期召开全国性月季科技研讨大会，交流月季栽培、造景、育种、文化等方面研究成果，展示新品种、新技术、新应用及新成效。

3.6加强与国际月季育种公司合作，引进新品种、研发新品种；与国内月季产业前沿科研机构、大专院校合作，开展月季应用人才培训。

3.7组织开展月季大师、月季栽培能手等评选活动。

4. 月季文化弘扬

4.1将月季作为市花。

4.2举办国际性月季大会、国家级月季花会，持续举办地方性月季花事活动。

4.3组织开展月季赠送活动，开展"最美月季大道、最美月季公园、最美月季庭院"评比活动。

4.4制定月季文化研究规划，出版《月季文化》《世界月季名城——南阳》等书籍，编制南阳月季图谱。

4.5制作发行月季系列邮票，组织开展月季摄影大赛。

4.6挖掘、创作以月季为主题元素的玉雕、陶瓷、烙画、博物画（科学画）、油画、书法、小说、诗歌、散文、服装服饰等文化产品、文化作品。

4.7创作以月季为题材的影视、戏曲、舞蹈、歌曲等作品。

4.8营建以月季文化为主题的雕塑、园林小品、公益广告等。

4.9参加国内外月季花事活动，建立市外月季展园，开展交流合作。

5. 建设保障措施

5.1制定世界月季名城建设方案、月季产业发展意见等规划，并组织实施。

5.2成立由市级领导任组长，有关部门、单位为成员的组织领导机构；建立南阳月季产业发展促进中心、南阳月季博览中心、月季研究院、月季协会等组织、科研、协会等机构。

5.3市财政列出资金支持世界月季名城建设、月季产业发展，对月季科研创新给予奖励。

5.4广泛开展世界月季名城建设宣传，每年举办专题活动。

5.5公众对月季名城建设的知晓率、支持率和满意度达90%以上。

5.6每年开展督查活动，落实建设任务，评比奖励。

南阳月季林木种质资源库收集保存月季品种（部分）名录

蔷薇种质资源名录

粉团蔷薇
R. multiflora Thunb. var. *cathayensis* Rehd. et Wils.

类型
变种

年代
1915

原产地
河北、河南、山东、安徽等地

特征习性
攀缘灌木；小叶5~9；边缘有尖锐单锯齿；花粉红色；花径1.5~2cm；单瓣；多花；圆锥花序；果近球形，红褐色或紫褐色。

疏花蔷薇
R. laxa Retz. var. *laxa*

类型
原变种

年代
1803

原产地
新疆

特征习性
灌木；小叶7~9，叶轴上有皮刺；花白色；花径约3cm；3~6朵组成伞房状花序；果长圆形或卵球形，红色，常有光泽；花期6~8月，果期8~9月。

木香花
R. banksiae Ait. var. *banksiae*

类型
原变种

年代
1811

原产地
四川、云南

特征习性
攀缘灌木；小叶3~5，边缘有紧贴细锯齿；托叶早落；花白色；花径1.5~2.5cm；倒卵形；重瓣至半重瓣；多朵组成伞形花序。

单瓣白木香
R. banksiae Ait. var. *normalis* Regel

类型
变种

年代
1878

原产地
河南、甘肃、陕西、湖北

特征习性
攀缘小灌木；老枝上的皮刺较大，坚硬；花白色；单瓣；味香；果球形至卵球形，红黄色至黑褐色；萼片脱落。

弯刺蔷薇
R. beggeriana Schrenk var. *beggeriana*

类型
原变种

年代
1841

原产地
新疆、甘肃

特征习性
灌木；小叶5~9；有成对或散生的基部膨大、浅黄色镰刀状皮刺；花白色；花瓣数5枚；花径2~3cm；果近球形；红色转为黑紫色；花期5~7月，果期7~10月。

金樱子
R. laevigata Michx. f.

类型
原变种

年代
1803

原产地
全国各地

特征习性
常绿攀缘灌木；小叶3片，革质；花白色；花瓣数5枚；花径5~7cm；单生；果梨形，紫褐色，外面密被刺毛；花期4~6月；果期7~11月。

硕苞蔷薇
R. bracteata Wendl. var. *bracteata*

类型
原变种

年代
1798

原产地
江苏、浙江、台湾、福建等地

特征习性
常绿灌木；有长葡匐枝；小叶5~9；花白色；花瓣数5枚；花径4.5~7cm；苞片硕大；果球形，密被黄褐色柔毛；花期5~7月；果期8~11月。

缫丝花（刺梨）
R. roxburghii Tratt. f.

类型
原变型

年代
1823

原产地
四川、贵州、云南、江苏

特征习性
灌木；小叶9~15；花淡红色或粉红色；重瓣、半重瓣或单瓣；微香；花直径5~6cm；花单生或2~3朵生于短枝顶端；卵形；果扁球形，绿红色；花期5~7月；果期8~10月。

复伞房蔷薇
R. brunonii Lindl.

类型
原变种

年代
1820

原产地
西藏、云南

特征习性
攀缘灌木；皮刺短弯；小叶通常7；花白色；花瓣数5枚；花径3~5cm；花多朵排成复伞房状花序；果卵形，紫褐色；花期6月；果期7~11月。

无刺蔷薇
R. multiflora Thunb.
var. *inermis*

类型
原变种

原产地
产江苏、山东、河南等地

特征习性
攀缘灌木；小叶5~9，小叶长1.5~5cm；花白色；花瓣数5枚；果实近球形；红色、种子（蒴果）多；花期4~6月，果期8~10月。

悬钩子蔷薇
R. rubus Lévl. et Vant. f.

类型
原变型

原产地
湖北、四川

特征习性
匍匐灌木；小叶通常5；花白色，花瓣数5枚；花径2.5~3cm；果近球形，熟后猩红或紫褐色；花期4~6月；果期7~9月。

软条七蔷薇
R. henryi Bouleng.

类型
种

年代
1933

原产地
陕西、河南、安徽、江苏、浙江

特征习性
灌木；小叶通常5；花白色；花瓣数5枚；花径3~4cm；花5~15朵组成伞形伞房状花序；果近球形，熟后褐红色，有光泽；萼片脱落。

腺果蔷薇
R. ffedtschenkoana Regel

类型
种

年代
1878

原产地
新疆

特征习性
小灌木；分枝较多；小叶通常7；花白色，稀粉红色；花径3~4cm；单生或1~2朵集生；果长圆形或卵球形，直径1.5~2cm，深红色，密被腺毛。

腺齿蔷薇
R. albertii Regel

类型
种

年代
1883

原产地
新疆、青海、甘肃

特征习性
灌木；齿尖有腺体；小叶5~7，叶柄、花梗、托叶有腺毛；花白色；花径3~4cm；果梨形或椭圆形，橙红色；花期6~8月；果期8~10月。

黄刺玫
R. xanthina Lindl.

类型
原变种

原产地
华北

特征习性
灌木；小叶7~13；花黄色；花瓣数15~18枚；花径3~5cm；单生；重瓣或半重瓣；无苞片；果近球形，紫褐色或黑褐色，无毛；花期4~6月；果期7~8月。

宽刺蔷薇
R. platyacantha Schrenk

类型
种

年代
1842

原产地
新疆

特征习性
灌木；枝条粗壮，皮刺多，扁圆而基部膨大；小叶5~7；花黄色；花径3~5cm；无苞片；果球形，暗红色至紫褐色；花期5~8月；果期8~11月。

密刺蔷薇
R. spinosissima Linn.
var. *spinosissima*

类型
原变种

年代
1755

原产地
新疆

特征习性
矮小灌木；小叶通常7~9；小枝有直立皮刺和密被针刺；花白色；花径2~5cm；果近球形，黑色或暗褐色；花期5~6月；果期8~9月。

'紫枝'
R.rugosa 'Zizhi'

类型
种间杂种

年代
1983

原产地
山东 甘肃 河南

特征习性
花紫色；花径7~8cm；重瓣，花瓣数25~30枚；花单生或聚生；花甜香；开放时雌雄蕊外露，花型碗型；果实扁球形。

'丰花'
R. rugosa 'Fenghua'

类型
杂交培育

年代
1988

原产地
山东

特征习性
花瓣正面浅紫蓝色，背面浅蓝色；花径7~8cm；重瓣，花瓣数45~50枚；花单生或几朵聚生；果扁球形至近球形；花浓香；灌丛直立开张，较低矮。

'平阴'
R. rugosa 'Pingyin'

类型
种间杂种

年代
2003

原产地
山东

特征习性
花瓣正面浅紫堇色，背面浅堇色；花开放时不露芯，花型似牡丹；花径7~8cm；重瓣，花瓣数42~66枚；香气浓郁；结实能力差；节间短，株丛紧凑。

'中天粉'
R. rugosa 'Zhongtianfen'

类型
杂交培育

原产地
吉林

特征习性
花粉红色；花径3~5cm；6~12朵组成伞房状排列；花柱分离，被毛；果梨形或倒卵球形，红色，常有刺毛；高约2m；小枝有粗壮钩状皮刺；叶片卵形、卵状长圆形，边缘有单锯齿。

古老月季种质资源名录

'中天白'
R. rugosa 'Zhongtianbai'

类型
杂交培育

原产地
吉林

特征习性
花白色；花径3~5cm；6~12朵组成伞房状排列；花柱分离，被毛；果梨形或倒卵球形，红色，常有刺毛；高约2m；小枝有粗壮钩状皮刺；小叶卵形、卵状长圆形，边缘有单锯齿。

'粉晕香水'
R. odorata
'Pink Haio Perfume'

类型
变种

原产地
中国

特征习性
花白色、浅黄或浅粉色；花苞及花瓣背面有红色晕斑，花瓣后期有较多红点；花径5~7cm；甜香；花瓣25枚；非常勤花；抗病虫害能力强。

'月月红'
R. chinensis 'Yue Yue Hong'

类型
中国古老月季

原产地
中国

特征习性
花红色；花径5~6cm；单生或2~3朵簇生；花瓣数35~40枚；花梗细长而下垂；茎较纤细，有刺或近于无刺；四季开花。

'绿萼'
R. chinensis 'LuE '

类型
中国古老月季

年代
1827

原产地
中国

特征习性
花鲜绿色；花径2.5cm；雌雄花蕊瓣化，呈锯齿状狭片；花径3~5cm；重瓣30~35枚；花量多；多次开花。

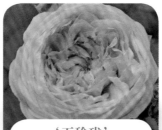

'玉玲珑'
R. Chinensis 'Yu Linglong'

类型
中国古老月季

年代
1811

原产地
中国

特征习性
又名粉妆楼，花初开粉红色，后期玉白色；花径5~6cm；重瓣100枚左右；花牡丹芍药型；浓香。

'羽仕妆'
R. Chinensis
'Yu Shi Zhuang'

类型
中国古老月季

原产地
中国

特征习性
花桃红色，有乳黄晕；花径9~10cm；花瓣数45左右；花瓣长阔，边缘波浪状，翘角盘状满心；花型盘状；杯状花托，梗长易弯。淡香。

'橘囊'
R. Chinensis 'Ju Nang'

类型
中国古老月季

原产地
中国

特征习性
花橘黄色；花径11~13cm；花瓣圆形，质薄；花萼尖；花托杯状；花梗长，有刺，易弯曲；花型盘状；有香味。

'金粉莲'
R. Chinensis 'Jinfen Lian'

类型
中国古老月季

原产地
中国

特征习性
花淡粉红色，瓣背色深，正面泛白；花径10~12cm；花型似荷花，高芯翘角，花瓣有"美人尖"；花瓣数50~60枚；浓香。

'云蒸霞蔚'
R. Chinensis 'Yunzheng Xiawei'

类型
中国古老月季

原产地
中国

特征习性
花粉红至淡粉红，基部黄色；花径10cm；淡香；花瓣质厚，卷边盘状，萼长尖及羽状，长梗；盘状花托；淡香。

'赤龙含珠'
R. Chinensis 'Chilong Hanzhu'

类型
中国古老月季

原产地
中国

特征习性
明亮的樱桃红色，花瓣有白色条纹；花径6~8cm；半重瓣至重瓣花；花瓣25~35枚；花型杯状；淡香；多次开花。

'赛昭君'
R. Chinensis 'Sai Zhaojun'

类型
中国古老月季

原产地
中国

特征习性
花复色，浅粉色花瓣边缘红色；花径7~8cm；甜香；初开时花瓣包，后期散乱，漏黄色花蕊；花量大，耐开；抗病性好。

'紫玉'
R. Chinensis 'Zi Yu'

类型
中国古老月季

原产地
中国

特征习性
花紫色；花径7~8cm；中等香味；重瓣；大集群开放；一季花，花期在春末夏初。

'屏东月季'
R. odorata
'Ping dong Yueji'

类型

中国古老月季

原产地

中国台湾

特征习性

花粉色，初开时粉红，盛开其绯红；带浓香，茶香型；花初开时高芯杯型，盛开后平盘状，后期变得散乱，成半球形；簇生；四季开花。

'紫燕飞舞'
R. odorata 'Zi Yan Feiwu'

类型

中国古老月季

原产地

中国台湾

特征习性

又名四面镜。花胭脂红或粉红色；花径8~10cm；花瓣35~40枚；强香；多季持续开花，多头开放；株高150~300cm。

'映日荷花'
R. odorata 'Yingri Hehua'

类型

中国古老月季

原产地

中国

特征习性

花粉色；花径6~8cm；芳香；杯状；花瓣15~20枚。

'软香红'
R. odorata
'Ruanxianghong'

类型

中国古老月季

原产地

中国

特征习性

花紫红色，基部淡粉色；花瓣扇形；花径9~10cm；花瓣30~35枚；花型盘状；香味浓烈（老玫瑰香味）；花朵垂头；多头；多季重复开花。

'月月粉'
R. Chinensis 'Old Blush'

类型

中国古老月季

年代

1228

原产地

中国

特征习性

花粉色；花径4~6cm；芳香；平盘状型；半重瓣，8~12枚左右；多季开花；生长势强，抗病力强。

'一品朱衣'
R. odorata 'Yipin Zhuyi'

类型

中国古老月季

原产地

中国

特征习性

花鲜红色，中心花瓣有白边，基部淡粉色；花瓣扇形；花径9~10cm；重瓣，花瓣数35枚；花型盘状；成簇开放。浓香。

'春水绿波'
R. odorata'Chunshui Lùbo'

类型
中国古老月季

原产地
中国

特征习性
直立性强；枝条粗壮；少刺；小叶从而尖，厚有光泽；花白色，半开时有红晕，外瓣遍洒红点；香气浓郁。

牡丹月季
R. hybrida 'Paul Neron'

类型
Shrub

年代
1869

原产地
法国

特征习性
花粉红色；心瓣碎，多心；花径约14~15cm，花瓣排列整齐紧凑，瓣缘有缺刻；花瓣数50~55枚；花型卷边盘状；强香；两季花；无刺或几乎无刺；抗性强。

'摩纳哥公爵'
R. hybrida 'Cherry Par Flait'

类型
HT

年代
2003

原产地
法国

特征习性
花白色或浅黄色，朱红色花边，受光照变成樱桃红；花径12~14cm；无香味或淡香；多头；勤花，集群开放；单朵花期长；多季节重复开花；株高60~120cm；抗病强。

'万花筒'
R. hybrida 'Kaleidoscope'

类型
HT

年代
1999

原产地
英国

特征习性
花红黄条纹；花径约7~8cm；淡香；重瓣，花瓣质感厚实，带有褶边；勤花，多季节重复开放；植株长势强健、枝条粗壮；抗病性强，耐寒、耐热性好。

'红双喜'
R. hybrida 'Double Delight'

类型
HT

年代
1977

原产地
美国

特征习性
花红白混色，花瓣外层桃红色的，内层乳白色；花径12~14cm；花重瓣，花瓣数40~50枚；花浓香；多季重复开花；耐寒。

'香水喜悦'（'香欢喜'）
R. hybrida 'Perfume Delight'

类型
HT

年代
1974

原产地
英国

特征习性
花明亮粉红色；花径11~13cm；高心翘角；花瓣数25~30枚；单生；强烈锦缎香。

'玫瑰游行'('大紫光')
R. hybrida 'Big Purple'

类型
HT

年代
1985

原产地
新西兰

特征习性
花紫红色；花径14~15cm；高心翘角；花瓣数60~70枚；香气浓郁；多季开花。

'曼斯特德伍德'('黑伍德')
R. hybrida 'Munstead Wood'

类型
S

年代
2007

原产地
英国

特征习性
花深粉红色；花径9~10cm；花瓣数70~75枚，花瓣排列较松散；花型杯状；强香，老玫瑰香；重复开花；抗病性强。

'林肯先生'
R. hybrida 'Mister Lincoln'

类型
HT

年代
1965

原产地
美国

特征习性
花红色；花径12~14cm；花瓣数35~40枚；花型杯状；强香；株高150~180cm；多季节重复开花；耐晒；抗病。

'特别纪念日'
R. hybrida 'Special Anniversary'

类型
HT

年代
2004

原产地
英国

特征习性
花粉红色，微薰衣草灰色调；花径8~10cm；花瓣数45~50枚；花型杯状，高芯卷边；大马士革香气，强香；植株高度在1.5~1.8m；多季节重复开花；耐热；抗病。

'百老汇'
R. hybrida 'Broadway'

类型
HT

年代
1985

原产地
美国

特征习性
金黄色橙粉色混合，初开时花瓣边缘粉红色，下部金黄；盛开后洋红色；花径10~13cm；花瓣数30~35枚；花型杯状；花瓣不散，花芯不露；香气浓郁。

'爱'
R. hybrida 'Love'

类型
HT

年代
1980

原产地
美国

特征习性
花表里双色；瓣面深红色，背面粉白色泛红晕；高心翘角；花径8~11cm；花瓣30~35枚；无香味；花期7~10天；株高120cm；抗病。

南阳自育品种月季种质资源名录

'东方之子'
R. hybrida 'Dongfangzhizi'

类型
HT

年代
2002

原产地
中国

特征习性
花橙色；花径12~14cm；满芯翘角；花瓣35~40枚；清香味；勤花；多季节重复开花；抗病性强；适应性强。

'夏令营'
R. hybrida 'Xialingying'

类型
CI

年代
2020

原产地
中国

特征习性
花红色，带绒光，背面白色；花径5~6cm；重瓣，花瓣数量20~25枚；株高300cm以上；勤花；花量大；抗病能力强。

'读书台'
R. hybrida 'Dushutai'

类型
CI

年代
2020

原产地
中国

特征习性
花深红，有绒光；花茎12~14cm；花瓣数35~40枚；花型杯状，高芯翘角；单朵花期长；微香；株高可达500cm；抗性强。

现代月季种质资源名录

'藤金奖章'
R. hybrida 'Climber Gold Medal'

类型
CI

年代
2020

原产地
中国

特征习性
花金黄色，镶红晕；花茎8~10cm；花瓣数35~40枚；花型杯状，高心卷边；浓香型；植株挺拔直立，抗性强。

'莫奈'
R. hybrida 'Claude Monet'

类型
HT

年代
1992

原产地
美国

特征习性
花粉红色，黄色条纹；花径7~8cm；花瓣数25~30枚；花型卷边平盘状；中香；多季开花；抗病虫能力强。

'超世纪'
R. hybrida 'Tata Centenary'

类型
HT

年代
1974

原产地
印度

特征习性
花玫红色，白色条纹；花径6~8cm；花瓣40~45枚；花型卷边翘角杯状；花瓣厚，有张力；淡香；生长势好，抗病虫害能力强。

'海洋之歌'
R. hybrida 'Ocean Song'

类型
HT

年代
2004

原产地
德国

特征习性
花蓝粉色；花径10~11cm；重瓣，花瓣20~25枚；花型翘角杯状；茶香；勤花；多季重复开花；抗性强。

'热带落日'
R. hybrida 'Perfume Delight'

类型
HT

年代
1995

原产地
新西兰

特征习性
花橙黄双色，橙色、黄色条纹；平均花径10~12cm；香味浓度中等；株高90~120 cm；枝条高大、直立、分枝好；多季节重复开花。

'朱墨双辉'
R. hybrida 'Crimson Glory'

类型
HT

年代
1935

原产地
德国

特征习性
花深红色；花径11~13cm；重瓣，花瓣30~35枚；花型卷边杯状；浓玫瑰香；勤花，量大；多季重复开花；耐低温，抗性强。

'烟花波浪'
R. hybrida 'Fireworks Ruffle'

类型
HT

年代
2014

原产地
荷兰

特征习性
花黄色，淡红色；花径8~10cm；花瓣带细长褶边，花型菊花状；花瓣数大于70枚；淡香；勤花；多季节重复开花。

'白桃草莓冻糕'
R. hybrida ' ストロベリーパフェ '

类型
Fl

年代
2014

原产地
日本

特征习性
花粉白带玫红条斑；花径6~8cm;花瓣26~41枚；花型小包子型；淡香；花量大，多头，直立不低头；多季节重复盛开；耐热，耐开。

'重瓣红色绝代佳人'
R. hybrida 'Double Knockout'

类型
Fl

年代
1999

原产地
美国

特征习性
花红色，边缘粉色；花径8~9cm；卷边翘角杯状；无香；多季开花；生长势好，抗病虫能力强。

'闪电舞'
R. hybrida 'Flash Dance'

类型
Fl

年代
2012

原产地
荷兰

特征习性
花粉红带白色条纹；花径5~6cm；
高芯翘角；花瓣35~40枚；清香味；
勤花；多季节重复开花；抗病性强；
适应性强。

'莫海姆'
R. hybrida 'Schloss Mannheim'

类型
Fl

年代
1975

原产地
德国

特征习性
花红色；花径6~8cm；半重瓣，花
瓣数25~30枚；浓香；勤花；多头；
花期长；多季节重复性开花；株高
60~90cm；抗病性强；耐寒耐热。

'雪花肥牛'
R. hybrida 'レディキャンドル'

类型
Fl

年代
2015

原产地
日本

特征习性
花米白色，粉色斑点；花径8
~10cm；重瓣；无香或微香；勤花；
多头；多季节重复性开花；抗病性
强；耐寒。

'红从容'
R. hybrida 'Red Velvet'

类型
Fl

年代
1992

原产地
英国

特征习性
橙红色；花径6~8cm；重瓣，花瓣
数；花瓣边缘尖突；平瓣盘状；多季
重复开花；耐寒、耐高温；抗旱、抗
涝、抗病。

'粉色龙沙宝石'
R. hybrida 'Pierre de Ron Sard'

类型
Cl

年代
1985

原产地
德国

特征习性
花粉白色，花心偏粉，花瓣偏白；花
径8~9cm；花瓣数60~70枚；中度香
味；花型好看，杯状；花量大；稍耐
阴，耐热。

'御用马车'
R. hybrida 'Parkdirektor Riggers'

类型
Cl

年代
1957

原产地
德国

特征习性
花红色；花径12~14cm；花瓣边缘不
规则波浪状；花瓣数40~45枚；花
头众多；花量大；花期长；开行
抗性强。

'安吉拉'
R. hybrida 'Angela'

类型
Cl

年代
1984

原产地
德国

特征习性
花玫瑰粉红色，中心色淡；花径3~5cm；花瓣数25~35枚；花型杯状；温和果香；多头，簇花5~7朵；单朵花期长达20天；多季节连续盛开。

'大游行'
R. hybrida 'Parade'

类型
Cl

年代
1953

原产地
美国

特征习性
花深粉色；花径12~14cm；花瓣数35~40枚；花型杯状；淡香；多头，勤花；多季节重复开花；抗性强。

'海格瑞'
R. hybrida 'Highgrove'

类型
Cl

年代
2009

原产地
英国

特征习性
花紫暗红色；花径7~8cm；花瓣数50~60枚；淡香；株高240cm，株宽90cm；多季重复开花；多头，簇状开放。

'蓝色阴雨'
R. hybrida 'Rainy Blue'

类型
Cl

年代
2012

原产地
德国

特征习性
花淡紫色；花径约6cm；重瓣50~60枚；淡香；多季持续开花；花量大；株高可达200cm；枝条细软；多季节重复开花。

'浪漫宝贝'
R. hybrida 'Baby Romantica'

类型
Min

年代
2008

原产地
法国

特征习性
花黄色和赭石色；花径7~8cm；花瓣数70~80枚；花包子型；淡香；勤花；多季重复开花；抗病。

'铃之妖精'
R. hybrida 'Fée Clochette'

类型
Min

原产地
法国

特征习性
花粉色；花径5~6cm；浓老玫瑰香；株高30~40cm；分枝性好；多季重复开花，勤花；抗病；耐晒、耐旱。

'迷你伊甸园'
R. hybrida 'Mini Eden'

类型
Min

年代
2001

原产地
法国

特征习性
花粉色；花径3~4cm；花瓣数40~50枚；淡蔷薇香；株高40~50cm；花量大；勤花；多季节重复开花。

'果汁阳台'
R. hybrida 'Juicy Terrazza'

类型
Min

原产地
荷兰

特征习性
花橙色；花径5~6cm；花瓣数30~35枚；淡蔷薇香；株高40~50cm；勤花；分枝性好；多季节重复开花。

'金丝雀'
R. hybrida 'Canary'

类型
Min

年代
1976

原产地
德国

特征习性
花奶黄色；花径4~5cm；花瓣数60~70枚；浓香；花包子型；株高40~50cm；勤花；多季节重复开花；抗病；耐修剪。

'甜蜜马车'
R. hybrida 'Sweet Chariot'

类型
Min

年代
1984

原产地
美国

特征习性
花紫色或紫红色混合；花径2~3cm；花瓣数30~35枚；强香；花朵密集，花量大；株高40~50cm；勤花；多季节重复开花；耐晒。

'巴西诺'
R. hybrida 'Bassino'

类型
Gr

年代
1988

原产地
德国

特征习性
花深红；花朵短小；花径5cm；芳香；株高低于20cm，植株健壮，匍匐生长；叶片浅绿有光泽；耐寒性强。

'甜蜜漂流'
R. hybrida 'Sweet Drift'

类型
Gr

年代
2015

原产地
法国

特征习性
花粉红色；花径3~4cm；花瓣数30~35枚；花型杯状；强香；株高50cm；冠幅75cm；勤花；多花；多季节重复开花；抗病、抗寒。

'玫瑰地毯'
R. hybrida 'Meigui Ditang'

类型
Gr

原产地
中国

特征习性
花粉色；花径2~3cm；多瓣；莲座状花型；多季开花系；株高20~40cm；冠幅30cm；分枝数3。

'夏洛特夫人'
R. hybrida 'Lady of Shalott'

类型
S

年代
2009

原产地
英国

特征习性
花杏黄色，背面金黄边缘粉红；花径6~8cm；花瓣数50~60枚；香气芬芳，带着苹果和丁香的混合香味；多头；多季开花；抗病性强。

'瑞典女王'
R. hybrida 'Queen of Sweden'

类型
S

年代
2004

原产地
英国

特征习性
花浅粉色；花径约7~8cm；重瓣50~60枚；花型包子状，粉嫩而又优雅；淡香；花量大；勤花；多季节重复开花。

'粉彩巴比伦眼睛'
R. hybrida 'Pastel Babylon Eyes'

类型
S

年代
2012

原产地
荷兰

特征习性
花粉白色，粉色镶边，慢慢向粉白或浅黄色过渡，中心为红色花斑；花径6cm；花型单瓣；花香淡香；株高50~150cm；勤花；抗病虫性强。

'红色达芬奇'
R. hybrida 'Red Leonardo da Vinci'

类型
S

年代
2005

原产地
法国

特征习性
花红色或暗红色；花径7~8 cm；重瓣，90~100枚；四联座花型；勤花，多头，多季节重复开花，喜光耐晒。

'沃勒顿老庄园'
R. hybrida 'Wollerton Old Hall'

类型
S

年代
2011

原产地
英国

特征习性
花奶黄色；平均花径12cm；花瓣100~120枚；强没药香；多头；勤花；多季节重复开花；抗性强。

'银禧庆典'
R. hybrida
'Jubilee Celebration'

类型
S

年代
2002

原产地
英国

特征习性
花粉红黄色背面；花径8~10cm；花瓣数80~90枚；强柠檬草莓香；勤花；多头；多季节重复开花；抗病。

'利亚图图'
R. hybrida 'Leah Tutu'

类型
S

年代
2009

原产地
英国

特征习性
花金黄色；花径10~12cm；四联座花型；花瓣数大于41枚，薄；甜香；多季节重复开花，株高120cm；非常抗病。

'安尼克城堡'
R. hybrida 'The Alnwick'

类型
S

年代
2001

原产地
英国

特征习性
柔和粉红色；花径6~8cm；花瓣数大于120枚；花瓣外缘色较淡；小集群；花型杯状；老玫瑰香；多季节重复开花；勤花。

中国自育品种月季种质资源名录

'草莓山'
R. hybrida 'Strawberry Hill'

类型
S

年代
2006

原产地
英国

特征习性
花浅粉色；平均花径12cm；强没药花香；花瓣120枚；老式小集群盛开形式；多头，多季节重复开花。

'北京红'
R. hybrida 'Beijing Hong'

类型
Fl

年代
2010

原产地
中国

特征习性
花红色；花径6~8cm；花瓣数量25~30枚；重瓣，残花自动落瓣；结实少；花量大；单花开放时间长，连续开花能力强；冬季落叶晚。

'哈雷彗星'
R. hybrida 'Halei Huixing'

类型
HT

年代
1986

原产地
中国

特征习性
花初放时为金黄色，晒后有红晕；花径约12cm；重瓣，花瓣数约50枚；花型杯状，高芯卷边；叶较大，叶深绿；瓣硬耐晒。

'红五月'
R. hybrida 'Hongwuyue'

类型
S

年代
2012

原产地
中国

特征习性
花红色；花径8~10cm；花盘状型；花瓣30~35枚；花瓣圆型；花淡香；勤花；单枝着花量1～3朵；株高150~180cm，株宽50~80cm。

'怡红院'
R. hybrida 'Yihongyuan'

类型
HT

年代
1986

原产地
中国

特征习性
花红色，有桃红色宽边，背黄色，花瓣瓣根金黄；花径约12cm；花瓣数35~40枚；花型高芯卷边；淡香。

'天山霞光'
R. hybrida 'ianshan Xiaguang'

类型
S

年代
1994

原产地
中国

特征习性
花玫红色；花径约6cm；重瓣，花瓣数25~28枚；伞房花序；单束成花5~20朵；株高达300cm。

后记

POSTSCRIPT

　　植物是人类诞生和生存的基础。在人类起源与发展的历史长河中，从未离开过植物的伴随，这便是生物链的神奇作用。

　　当数以万计令人身心愉悦的花卉，以各种形式、途径在全球范围内迁徙繁衍时，人类生活因此而变得更加丰富多彩。这其中，月季是尤为引人注目的物种。中国月季引爆世界呈现的娇艳绚丽，以及与西方文化锦上添花的嫁接，都展示了令人称奇的完美。

　　当我们寻觅南阳月季故里的足迹，尝试探究南阳世界月季名城的脉络时，会惊讶地发现，南阳不仅有孕育月季的自然条件，也有承载月季的历史文化渊源。考古发现，月季是华夏先民的图腾。古代南阳人习称"夏人"，南阳的白河沿岸、南召县、淅川县等地发掘出多处早期人类遗迹。《贾氏说林》《西京杂记》中记载：汉代宫廷花园中已经种植重复开花的野生蔷薇，南阳作为当时的全国六大都会、汉代宫廷皇室故里和历代重要的丝路、驿路，具备孕育栽植繁衍月季的基础条件。曾经出使西域的博望侯张骞，其封地就在紧邻南阳市区北郊的方城博望镇，他的东去西来，开启了远古南阳的对外交流。历史上南阳俗称月季为"月月红"，既有庭院、道旁的种植，亦有空地和地头的野外生长。

　　改革开放的新时代，南阳人秉承月季故里的历史根脉，把月季种植生产作为追求美好生活的希望。现代月季的引进、种植、育种、繁育，经过一代"月季大王"人的先行先试、政策扶持，以月季立足的企业如雨后春笋应运而生，南阳月季产业以星火燎原之势蓬勃发展，成为中国月季苗木市场的龙头并走向世界，为中国和世界的绿化美化作出了时代贡献，让月季故里的荣光再次闪耀。

　　花开东方，月颂盛世。在世界月季联合会、中国花卉协会月季分会的关心支持下，在南阳市委、市政府对月季产业的重视下，在南阳林业、园林以及县市区、月季花卉苗木企业的共同推动下，世界月季名园、月季专类园、月季游园、月季景观遍布南阳。南阳人通过勤劳的双手、聪明的智慧，举全市之力，为中国和世界打造出一座璀璨夺目的

世界月季名城。为了铭记这一世界月季史上具有划时代意义的重大事件，我们依据南阳世界月季名城规划、创建、内涵、形态等方面，对世界月季名城进行多角度、全方位诠释展现，以期为推动"美丽中国""美丽世界"建设进程，提供有益尝试和借鉴。

此书是在南阳市委、市政府的领导下，在首届世界月季博览会指挥部、南阳市林业局的组织下，在中国邮政集团有限公司南阳市分公司、南阳市集邮协会、南阳市文化广电旅游局、南阳市生态文明促进会、南阳市文联、南阳月季博览中心、南阳市作家协会、南阳市美术家协会、南阳市书法家协会、南阳市摄影家协会、南阳网、光影中国网、南阳市文学院、《躬耕》杂志社、南阳市画家村、南阳世界月季大观园、南阳月季博览园的支持下，由南阳市林业局、首届世界月季博览会指挥部办公室、月季集邮研究会组织编写完成。

因本书编写过程中引用资料时间跨度大、涉及范围广，个别作品未能联系到作者，对出处和作者的标注，也难免出现遗漏或错误，敬请看到本书后给予批评指正，我们将赠书致谢。

值此书出版之际，一并向关心支持南阳世界月季名城建设的世界月季联合会主席艾瑞安·德布里女士、前主席凯文·特里姆普先生、海格·布里切特女士和中国花卉协会月季分会会长张佐双先生、常务副会长赵世伟先生、副会长王波女士，中国当代科学画泰斗曾孝濂、清华大学美术学院教授、著名画家吴冠英，中国林业美术家协会副秘书长、植物画家吴秦昌，以及积极参与本书编写的有关单位、专家、学者、月季爱好者，表示由衷的感谢。期待有更多的人关心支持南阳世界月季名城建设，为南阳高质量建设大城市添砖加瓦、共谋发展。

编者

2021 年 8 月

参考文献

REFERENCES

曹新洲 , 2020. 灿烂的南阳历史文化 [J]. 躬耕 , 文化特刊 :17.

李文鲜 , 2014. 月季 / 百花盆栽图说丛书 [M]. 北京 : 中国林业出版社 .

李远 , 2012. 又闻石桥月季香 [J]. 躬耕文学旬刊 (4):37.

廖华歌 , 2012. 石桥点滴 [J]. 躬耕文学旬刊 (4):17.

南阳市地方史志办公室 , 2020. 南阳市志 [M]. 郑州 : 中州古籍出版社 .

南阳市月季节文化委员会 , 南阳市委宣传部 , 南阳市文联 , 2014. 月季花城・美丽南阳
    [M]. 郑州 : 大象出版社 .

孙晓磊 , 2012. 春风化雨待花红 [J]. 躬耕文学旬刊 (4):20.

王东升 , 2018. 南阳市林业志 [M]. 北京 : 中国林业出版 .

王国良 , 2015.《中国古老月季》[M]. 北京 : 科学技术出版社 .

王世光 , 薛永卿 ,2010, 中国现代月季 [M]. 郑州 : 河南科学技术出版社 .

皮埃尔 约瑟夫・雷杜德 ,2015. 玫瑰圣经 [M]. 艺术大师编辑部 , 译 . 北京 : 北京联合出
    版公司 .

御巫由纪 ,2020. 时间的玫瑰 [M]. 药草花园 , 译 . 北京 : 中信出版集团股份有限公司 .

肖永亮 , 2011. 数码摄影基础 [M]. 北京 : 电子工业出版社 .

张全胜 , 2019. 南阳月季甲天下 [M]. 北京 : 中国摄影出版社 .

张文举 , 2012. 月季花赋 [J]. 躬耕文学旬刊 (4):39.

张寿洲 , 马平 , 嘉卉 百年中国植物科学画 [M]. 南京 : 江苏凤凰科学技术出版社 .

张占基 , 2019. 月季文化 [M]. 北京 : 中国林业出版社 .

张佐双 , 朱秀珍 ,2006. 中国月季 [M]. 北京 : 中国林业出版社 .

周涛 , 2012. 南阳月季赋 [J]. 躬耕文学旬刊 (4):28.

周同宾 , 2012. 石桥看月季小记 [J]. 躬耕文学旬刊 (4):17.

索引

INDEX

A

艾草 186
艾瑞克安·德布里 78、83、134、135、136、166、205、206、217、239
安徽 82、87、124、221、223
'安吉拉' 22、53、61、233

B

白粉病 32、33、36、38、57
白河 2、3、11、19、57、67、72、98、99、103、104、108、118、128、129、130、131、157、171、181、182、194、199、238
百里甕 182
《半月谈》14
宝天曼 3、160、161
《抱朴子》7
北京 45、51、56、59、60、61、64、67、70、75、78、81、85、87、88、89、92、100、105、115、121、122、123、124、125、132、166、171、184、206、209、211、212、213、214、215、215、216
'北京红' 56、60、236
北京园 105
《本草纲目》7、162、173
乘志 162
病虫 害 27、30、33、35、36、39、130、225、230

C

'彩蝶' 23、90
插花艺术展 72、76、77、128
扦插育苗 57、91
《扦插月季生产技术规范》91
常州园 106
畅师女 6
撒地设市 18
沈阳 92
陈焕镛 162
城市展园 84、98、103、104、105126、131、212、213、214、215、216、217
虫害防治 30、35、38
楚汉文化 102、167、207
楚长城 7、112、160、207
刺蛾 38

D

大花月季 22、57、90、111、118、119、121、123、124、125、126、184
'大马士革' 16、22
'大游行' 22、61、105、233
丹麦 87、132、213
导管 42、43
德 国 14、88、89、90、91、231、232、234、德阳87、88、92、107、123、206、212、214、216
地被月季 22、23、39、45、58、60、61、90、105、111、121、123、125、126
地栽月季 24、26、28
邓州 16、49、50、114、116、131
帝乡 2、116、117、168、178、185
第九大奇迹 4
第四届中国农民电影节 200、201
第一书记 186、187
'电子表' 22、45、55
'东方之子' 23、46、57、230
东南亚90、91
独 山 3、100、117、118、119、142、147、157、158、191、192、215
杜牧 7

E

俄罗斯 15、90、91
二月河 64、66、69、72、122、171、202

F

发明 39、41、42、155、176
法国 22、88、89、90、106、203、206、228、233、234、235
'法兰西' 59
范蠡 123、125、182
方城 3、4、5、6、8、48、49、112、116、131、155、238
'菲扇' 123
'粉色龙沙宝石' 232
'粉扇' 22、23、44、45、46、47、53、54、56、57、90、121、123、204
丰 花 月 季 22、23、25、90、93、106、111、119、121、123、126、184
丰山 3、4、6
冯澄如 162
伏牛山 2、3、5、58、108、128、194、207
阜阳87、88、92、124

G

歌赋 117、176、188
葛洪 7
个性化邮票 68、69、72、73、201203、204、205
根 系 24、25、27、28、29、30、31、33、35、36、39、41、42
根艺树状月季 38、39、41
《躬耕》123、171、184、240
'古城南阳' 44
古鄂国 3
古 老 月 季 58、59、60、68、105、123、225、226、227、228
古桩月季 22、45、65、88、90、106、118、119、121、124、170
灌丛月季 58、59、60、61
灌木 60、90、111、118、119、128、221、222、223、224
光影中国网 146、147、148、239
贵州 58、59、60、224、222
国际月季测试中心 61
国际在线 84、136

H

海格·布里切特 72、75、76、81、87、132、203、205、206、209、210、211、213、234、239
韩国 89
汉桑城 116
《汉书》5、7、182
汉水 2、3、5、7
'和谐' 45、46、47、51、53、54、55、56、57
河南省花卉协会 47、66、68、69、7072、75、78、83、132、202、203、213、214
核心区 59、105
荷 兰 15、88、89、90、91、231、232、234、235
黑斑病 32、33、36、38、57
'黑旋风' 23
'红色达芬奇' 55、56、61、235
'红卧龙' 23
胡先骕 162
湖北 2、3、82、85、87、92、222、223
《花开山乡》186
花中皇后 46、67、68、69、70、72、73、74、76、85、141、160、175、184、191、195、196、201、202、203、204、205、206、213、217
《花中皇后南阳月季》68、69、70、72、73、74、76、85、201、202、203、205、206、213、217
华夏文明 3、4、105
'画魂' 23、90
淮河 2、3、114、124
黄河 2、3、4、104、117、178
黄山遗址 3、4、6
绘 画 72、74、83、154、155、160、161、162、166、171、175、176、202、203、205、206

J

吉祥物 133、134、162、203、206、214
加拿大 89
《贾氏说林》11、238
嫁 接 15、25、27、29、30、31、32、34、35、37、39、40、41、42、43、91、170、180、238
江苏 17、67、70、82、87、162、171、214、222、223、240
介壳虫 38
'金凤凰' 22、45、46、53、54、56、57、121
京宛友谊月季园 124、125 精品
月季展 67、70、85
九纵四横 100
《救荒本草》162
菊花 7、18、19、185、231
菊潭 7、155
菊潭古治 7
菊潭雅集 155

K

凯文·特里姆普 72、75、76、78、80、85、87、132、203、209、210、211、213、214
科普 68、102、107、190、211
科圣 123、125、176、179
科研 17、44、57、58、59、67、68、69、71、72、74、87、96、103、118、146、170、171、214、220
恐龙蛋 4、109、204
《恐龙蛋化石》邮票 204

L

'莱茵黄金' 22、53
莱山 67、87、88、107、119、212、213、216
劳瑞·纽曼 66
老舍 81
烙 画 81、82、83、92、102、126、162、214、220
李白 3、7、11、178
李时珍 7、162、173
李文鲜 11、14、70、170、240
历史文化名城 2、4、105、167、168、171
郦道元 7
郦县 7
刘秀 2、3、168、211
'流星雨' 52、54、105
'绿萼' 23
绿色中国 83、84
'绿野' 22、54、90、105
漂河 99

M

玫瑰 1、16、19、22、29、39、44、46、47、49、50、52、53、55、56、58、76、78、80、87、85、92、98、118、134、166、173、175、176、196、203、206、207、224、225、226、227、229、231、233、235、236、240
《玫瑰》205
玫瑰花茶 16
玫瑰精油 16
玫瑰圣经 166
梅溪河 99
美 国 15、90、91、228、229、230、231、233、234
《魅力南阳》175
半月山 186
苗床 24、29、30、40、41、42、43
名录 30、40、41、42、43、'明星' 11、22
谋圣 123

N

纳波湾 81、84、95、102、103
南 都 10、16、19、20、22、24、25、95、98、131、165、185、186、192、193、196、211
《南都晨报》185
南都赋 5、6、8、10、182
南都行 11、81
"南水北调"中线工程 2、3、105、121、125、170
南阳电视台 151
南阳花卉产业论坛 75
南阳嘉农农业科技有限公司 30、36、63、64、92、102
《南阳日报》18、19、66、148、151、148、151、171
南阳森美月季 47、48、49、50、51、55、56、67、70
南阳世界月季大观园 17、58、59、80、81、82、83、85、96、97、98、103、104、105、112、116、118、131、132、134、146、147、148、149、150、159、166、177、203、206、211、212、213、214、215、216、217、219、239
南阳市城市管理局 82、84、86、88、90、92、141、142、144、145、223、225、226、227、228
南阳市花卉协会 47、48、51、52、53、54、55、56、57、668、70、72、87、202
南阳市集邮协会 202、206、207、239
南阳市 林 业 局 19、61、64、65、66、68、69、70、71、72、74、75、76、78、80、83、85、125、130、131、146、166、171、202、207、209、211、212、213、215、216、217、218、239
南阳市林业科学研究院 48、49、50、51、52、53、54、55、58、59
《南阳市林业志》171
南阳市生态建设委员会 131
南阳市委 13、17、64、65、66、68、69、71、72、73、74、75、78、80、83、85、87、125、141、146、148、150、157、170、186、187、205、207、209、210、211、212、213、214、215、216、217、238、239、240
南阳市邮政分公司 66、70、72、73、76、201、202、203、204、207
南阳市月季研究院 52、53、54、55、59、61
南阳市政府 16、17、18、19、57、64、65、66、67、69、72、73、74、75、78、83、85、87、96、130、131、132、134、166、203、207、209、211、212、213、214、215、216、217、218
南阳网 146、147、148、151、239
南阳园 57、108、119、120、121、122、123、124、126
南 阳 月 季 10、11、12、13、14、15、16、17、22、24、44、45、46、47、48、49、50、60、61、62、63、64、65、66、67、68、69、70、71、72、73、74、75、78、79、80、81、82、83、84、85、86、87、88 89、90、92、93、95、96、97、98、99、100、101、102、103、104、105、106、110、111、112、116、117、118、122、131、132、133、138、139、140、141、142、143、144、145、146、147、148、149、150、151、155、159、160、161、162、163、164、165、166、171、172、173、184、185、186、187、192、193、196、199、200、203、204、207、208、210、211、213、216、217、218、219、220、221、223、224、225、226、227、229、230、231、232、233、234、235、252、253
南阳月季博览中心 104、148、220、239
南阳月季大师 16、215
南阳月季公园 69、70、74、78、83、92、97、98、102、119、127、128、129、130、132、146、210、212、216、219
南阳月季合作社 29、30、36、37、81、103、104、105
南阳月季花会 47、53、54、55、56、57、64、72、73、74、78、83、84、85、86、

87、102、104、128、132、147、148、203、205、210、212
南阳月季基地 14、23、44、45、46、47、48、49、51、52、53、54、56、57、58、64、65、66、67、68、70、72、87、88、89、90、91、118
南阳月季集团 28、62、64、69、70、72、81、86、101、103、105
南阳月季甲天下 17、85、125、133、134、148、151、190、196、201、217
南阳月季园展园 103
《南阳之春》46
南召 17、18、19、61、62、63、67、68、69、72、82、84、88、92、127、145、169、185、252
内乡 17、18、19、21、62、63、64、72、122、142、143、144、145、169、175
内乡县衙 7、108
《农桑辑要》6

O
欧洲 78、88、89、134、177、198

P
盘古开天 3、4、114
盆栽技术 28
盆栽月季 40、42、43、59、60、61、65、66、67、68、69、81、82、84、87、89、94、228
品种培育 17、67、90、91、皮埃尔约瑟夫·雷杜德 240

Q
蔷薇 2 4、2 5、3 0、3 6、3 9、4 1、4 3、4 4、45、47、48、49、53、54、55、56、57、72、73、74、75、78、82、83、84、187、189、190、191、192、194、221、235、236、237、238、248、252
切花月季 36
青少年活动中心 118
屈原 9、25
渠首 9、16、17、19、139、174、184、195
全自动温室育苗 105

R
人民网 98、150
日本 28、48、52、103、104、105、245、246
《如花似玉的地方》185
瑞典 52、54、61、88、235

S
三里河 99
三星堆 107
山东 20、25、30、60、61、71、81、84、101、102、185、235、237、238
《山海经》10、17
商圣 9、137、139
上海合作组织 102
上林苑 25、196
社旗 30、62、124、144、145
神农氏 19、20
生物多样性 16、17、22、129
十二里河 113
'十四五' 31
石桥 28、29、62、63、64、71、78、79、80、114、129、135、185、187、189、190、191、192、193、194
《史记》9、128
世界地质公园 221
世界生物圈保护区 16、17、22
世界月季联合会 9、16、18、60、74、86、89、90、92、94、95、96、97、100、101、104、116、148、149、150、176、180、185、217、223、224、225、226、227、232、235、252、253
世界月季名城（南阳）建设标准 13、233
世界月季名城 9、10、11、13、14、18、20、22、26、28、30、34、40、42、44、46、48、50、52、54、56、58、62、64、66、86、89、90、92、94、96、97、98、100、102、106、108、110、112、114、116、118、120、122、124、126、128、130、132、134、138、139、140、150、151、152、154、156、158、160、174、176、178、180、181、182、184、186、188、190、192、198、200、202、204、206、208、210、212、214、216、218、219、222、224、234、236、238、240、242、246、248、250、253
世界月季名园 9、93、100、110、117、120、148、219、252

世界月季洲际大会 2、16、19、23、48、49、50、75、87、92、95、98、102、110、116、117、118、119、120、121、131、135、136、144、145、146、147、148、149、150、151、160、161、165、171、173、174、175、176、180、185、192、199、202、203、205、207、209、224、225、226、227、228、229、230、231、232
市 花 7、9、10、12、32、33、61、62、66、67、58、69、70、71、80、81、82、83、86、87、90、92、97、101、106、118、119、120、121、133、135、139、184、185、193、194、198、204、208、216、219、220、230、234
书 法 95、148、168、169、170、171、172、173、174、176、185、189、202、220、230、253
树状月季 36、43、44、45、46、47、48、52、53、55、59、60、62、65、67、68、71、82、101、104、119、123、124、125、132、133、135、137、138、139、141、185、190、199、200
'双粉' 37、104
《水浒传》17
《水经注》21
《说文解字》19
丝绸之路 126、148
斯洛文尼亚 101、225
四 川 30、74、81、101、102、137、185、228、235、236、237
'四季玫瑰' 30、36
塑料大棚 49、56

T
唐白河 17
唐 菲 17、30、62、63、125、144、145、169
唐微微 176
陶瓷 17
腾讯 98、165
藤 本 月 季 36、37、39、71、72、73、74、75、102、104、119、120、122、132、133、139、140、198
'藤和平' 37、104
'藤红霞' 37、104
'天山霞光' 251
田间管理 49、54
庭院月季 28、29、51、115
桐柏 17、18、19、62、63、128、143、145
土耳其 103
脱贫攻坚 184、200、201

W
宛 9、10、16、17、19、25、30、32、33、86、138、139、140、144、147、165、171、184、186、192、198、200
宛 城 17、30、32、80、81、82、84、145、162、173、185、198、203、207、208、215、229
王安石 17
网络电视 84
望梅止渴 8
微喷 105
微 型 月 季 36、39、72、73、74、75、89、104、107、119、120、121、133、137、138、139、140、185、198
文化产品 116、234
卧 龙 17、25、30、31、37、58、59、60、61、62、63、64、65、73、78、79、80、81、82、84、91、94、95、98、101、102、104、117、131、132、143、144、148、164、169、171、198、199、221、223、226、228、230
卧龙岗 95、98、117、173、180、230
卧龙社 108
乌拉圭 105、223
无刺蔷薇 43、237
吴冠英 176
吴玉斌 176

X
西 峡 4、7、48、49、58、109、128、129、130、131、161、171、191
'希望' 36、58、60、68、69、104
淅 川 17、169、200、201、252
习性 30、37、63、135、235、236、237、238、239、240、241、242、243、244、245、246、247、248、249、250、251

戏曲 202、234
'夏令营' 37、58、59、61、69、70、71104、144
夏人 19、252
现代月季 11、25、72、73、74、79、81、148、191、244、252
《乡村第一书记》200
乡村振兴 31、94、148、149、151、200、201、231
'香百梨' 25、36
'香石喜' 69、242
'香云' 59、69
小高村 36
'小女孩' 61、65、66、67、68、69、70
辛寿疾 94
新华社现云 98
新 疆 17、73、74、92、100、106、228、236、237、238
新野 17、62、63、112、143、145、169
行囊 39、44、45、50
幸福像花儿一样 90、94、148、149
修 剪 36、40、41、43、44、47、48、50、51、53、54、55、248
徐旭生 19

Y
亚力克红 36、68
亚龙湾兰德玫瑰风情园 102
'月月红' 25、74、169、187、205、208、209、239、252
严子陵 17、182
燕青 17
野生蔷薇 53、72、73、74、92、252
叶枯病 52
一带八脉 112
一主两副 112、160、224、225
医圣 9、137、139、175
以色列 103
疫情防控 97
银杏树沟沟村 200
引导槽 53、54
邕河 113、133
元宵同门 7、21
月季"三个一"工程 114、144、145
"月季+乡村"振兴高端论坛 96、148、149
月季博物画展 95、96、180、220
月季插花展 87、89、94、148、149
月季产业 7、9、10、11、12、18、29、30、31、36、72、78、79、80、81、82、83、85、87、88、89、94、100、102、104、106、110、114、132、145、146、147、149、150、160、165、180、185、200、216、223、224、225、227、229、231、238、248、252、253
月季产业化发展高峰论坛 81
月季大道 9、87、88、92、93、114、117、141、142、143、144、145、226、227、228、233、234、231月
季大舞台 9、88、111、117、119、121、160、219、230
月季公（游）园 87、88、92、141、142、143、144
月季故里 1、120、147、162、180、203、207、208、252
月季花展 106
月季花岛 100、118、138、162、164、219
月季集邮 216、217、219、220、253
月季集邮研究会 180、185、216、217、220、220、221、253
月季木本种质资源库 12、13、72、74、75、235
月季名园 9、13、93、100、110、117、120、148、219、223、252、256
月 季 培 育 12、38、45、48、71、81、82、101、104、130、131、133、134、137、138、144、145、146、165、221、234
月季摄影 81、84、86、98、155、160、164、165、221、234
月季书法 176、27
《月季文化》185、220、234
月季文化节 9、12、13、30、31、82、155、164、185、190、194、215
月季文化软实力 116
《月季新品种培育标准》105
月季新品种展示中心 75
月 季 邮 票 85、86、88、214、215、216、217、218、220、221、227、231
月 季 赠 送 81、84、86、87、88、89、90、92、226、234
月季书法工作 27
月季展 7、58、59、61、62、63、64、65、66、68、79、81、82、83、84、85、86、89、92、94、100、101、104、117、118、121、131、133、137、137、138、140、142、143、144、145、146、147、148、149、150、153、157、160、161、173、176、180、185、199、205、207、208、217、218、220、222、225、230、231、232

147、148、150、155、160、203、215、216、217、220、228、231、234
《月季种苗技术标准》105
月季主题公园 72、73、117、143
月季主题邮局 72、73、117、143、224
云赏花 98
云直播 97、98

Z
杂交茶香月季 72、73、74
栽植密度 39
张 衡 9、10、19、20、22、80、114、137、139、169、182、190、192、193、196
张骞 20、196、252
张仲景 9、137、139、196
张 佐 5、6、78、79、80、82、83、86、89、92、95、97、100、148、169、189、216、223、224、225、226、227、228、229、232、253
长 江 9、16、17、18、119、121、131、192、130、230
赵 世 伟 6、79、80、86、89、90、92、94、97、180、217、224、225、226、227、228、229、230
浙江 30、89、92、100、106、236、237
真菌感染 52
砧木 36、43、44、45、46、47、49、51、53
镇平 19、62、63、64、67、68、69、125、145
曾孝濂 6、180、220、253
《证类本草》176
郑州园 119
《植物名实图考》176
智圣 9、137、139
中国插花花艺协会 96
《中国古老月季》74
中国花卉协会 5、16、59、28、59、60、61、62、78、79、80、81、82、83、84、85、86、88、89、92、94、96、97、100、101、102、112、132、146、148、149、180、185、215、216、217220、223、224、225、227、228、229、231、252、253
中国花卉协会月季分会 5、16、59、61、62、78、79、80、82、83、84、86、88、89、92、94、95、97、100、101、102、132、146、148、149、176、180、185、215、216、217、223、224、225、226、227、229、231、252、253
《中国绘画史》169
中国梅花协会 89
中国民俗摄影家协会 79、155
中国农民电影节 200、201
中国农民丰收节 200、201
中国搜索 98
《中国文学家大辞典》182
中国现代月季 11、72、73、74、79、81、148、191、244、252
中国月季 7、9、10、11、16、29、30、31、58、59、60、61、63、64、65、66、72、74、75、78、79、80、84、92、94、101、102、105、112、117、118、120、131、132、133、134、137、139、140、145、147、148、160、173、184、185、189、190、204、205、217、218、221、228、231、232、233、252
中国月季交易网 98、105
中国月季研究中心 75
中国月季之乡 9、10、29、78、79、80、139、142、146、185、189、190、199、204、231、232中央电视台 199、200、201
中原粮仓 22
中原岩画 17
'重瓣红色绝代佳人' 245
株距 39、49、50
诸葛亮 9、131、137、139、198
专利 52、55
'状元红' 25、36
最美月季大道 87、88、141、142、143、144、145、234
最美月季公（游）园 87、89、92、141、142、143、144

其他
'2019 世界月季洲际大会' 7、13、16、30、33、62、63、64、89、92、95、98、101、116117、118、119、121、131、145、146、147、148、149、150、160、161、173、176、180、185、199、203、205、207、209、217、219、220、222、230、231、232
'2019世界月季洲际大会'筹备工作指挥部办公室 226、227、228、229、230、231
2021中国农民丰收节 200、201
'U'形槽 53、54、55